世界武器鉴赏系列

军用车辆
鉴赏指南（珍藏版）
（第 2 版）

《深度军事》编委会 编著

U0521149

清华大学出版社
北京

内 容 简 介

本书精心选取了世界各国军队现役或退役不久的数十种军用车辆。其中包括装甲战斗车辆、两栖车辆、空降车辆、越野车辆、运输车辆和特种车辆等多个类别，着重介绍了每种军用车辆的研发历史、车体构造、攻击能力、防护能力、机动能力和识别特征等内容，并有准确的参数表格。

本书内容翔实，结构严谨，分析讲解透彻，图片精美丰富，适合广大军事爱好者阅读和收藏，也可以作为青少年的科普读物。

本书封面贴有清华大学出版社防伪标签，无标签者不得销售。
版权所有，侵权必究。举报：010-62782989，beiqinquan@tup.tsinghua.edu.cn。

图书在版编目(CIP)数据

军用车辆鉴赏指南(珍藏版)/《深度军事》编委会编著. —2版.—北京：清华大学出版社，2018（2022.1 重印）
（世界武器鉴赏系列）
ISBN 978-7-302-50954-7

Ⅰ.①军… Ⅱ.①深… Ⅲ.①军用车辆—世界—指南 Ⅳ.①E923-62

中国版本图书馆CIP数据核字(2018)第185385号

责任编辑：李玉萍
封面设计：郑国强
责任校对：张术强
责任印制：杨 艳
出版发行：清华大学出版社
网 址：http://www.tup.com.cn, http://www.wqbook.com
地 址：北京清华大学学研大厦A座 邮 编：100084
社 总 机：010-62770175 邮 购：010-62786544
投稿与读者服务：010-62776969, c-service@tup.tsinghua.edu.cn
质量反馈：010-62772015, zhiliang@tup.tsinghua.edu.cn
印 装 者：涿州汇美亿浓印刷有限公司
经 销：全国新华书店
开 本：146mm×210mm 印 张：9.875
版 次：2016年8月第1版 2018年9月第2版 印 次：2022年1月第4次印刷
定 价：49.80元

产品编号：076686-01

丛书序 FOREWORD

　　国无防不立,民无防不安。一个国家、一个民族,最重要的两件大事就是发展和安全。国防是人类社会发展与安全需要的产物,是关系到国家和民族生死存亡的根本大计。军事图书作为学习军事知识、了解世界各国军事实力的绝佳途径,对提高国民的国防观念,加强青少年的军事素养有着重要意义。

　　与其他军事强国相比,我国的军事图书在写作和制作水平上还存在许多不足。以全球权威军事刊物《简氏防务周刊》(英国)为例,其信息分析在西方媒体和政府中一直被视为权威,其数据库被各国政府和情报机构广泛购买。而由于种种原因,我国的军事图书在专业性、全面性和影响力等方面还有明显不足。

　　为了给军事爱好者提供一套全面而专业的武器参考资料,并为广大青少年提供一套有趣、易懂的军事入门级读物,我们精心推出了"世界武器鉴赏系列"图书,其内容涵盖现代飞机、现代战机、早期战机、现代舰船、单兵武器、特战装备、世界名枪、世界手枪、美国海军武器、二战尖端武器、坦克与装甲车等。

　　本系列图书由国内资深军事研究团队编写,力求内容的全面性、专业性和趣味性。我们在吸收国外同类图书优点的同时,还加入了一些独特的表现手法,努力做到化繁为简、图文并茂,以符合国内读者的阅读习惯。

本系列图书内容丰富、结构合理，在带领读者熟悉武器历史的同时，还提纲挈领地介绍各种武器的作战性能。在武器的相关参数上，我们参考了武器制造商官方网站的公开数据，以及国外的权威军事文档，力图做到有理有据。每本图书都有大量的精美图片，配合别出心裁的排版，具有较高的观赏性和收藏价值。

前言
PREFACE

军用车辆是指用于军事目的的汽车，它是军队的重要装备之一，是热兵器时代军队战斗力中机动能力的重要组成部分，是顺利完成平时训练任务、战时战斗及支援勤务的物质基础。

现代技术特别是高技术条件下的局部战争，是陆、海、空、天、电五维一体的作战，是诸兵种的联合作战。它不仅是一场十分突出、空前激烈、瞬息万变、发展神速的战争，而且是一场气候、地理多变，战场环境恶劣，武器系统庞杂，物资消耗成倍增长，后勤补给难度极大的战争。要想赢得这样一场战争，没有大批量、多品种和高性能的军用车辆，显然是无法实现的。

军用汽车不仅能及时地向战区输送兵员、军械、弹药、油料、医药和生活用品等，而且可以直接参与战争，牵引各种火炮，运输、发射导弹和火箭，打击目标，并且机动灵活地转移。本书精心选取了世界各国军队现役或退役不久的数十种军用车辆，包括装甲战斗车辆、两栖车辆、空降车辆、越野车辆、运输车辆和特种车辆等多个类别，着重介绍了每种军用车辆的研发历史、车体构造、攻击能力、防护能力、机动能力和识别特征等内容，并有准确的参数表格。通过阅读本书，读者可以全面了解世界各军事强国的军用车辆发展状况。

本书紧扣军事专业知识，不仅带领读者熟悉车辆构造，而且可以帮助读者了解车辆的作战性能，特别适合作为广大军事爱好者的参考资料和青少年朋友的入门读物。全书共分为7章，涉及内容全面合理，并配有丰富而精美的图片。

本书是真正面向军事爱好者的基础图书，由资深军事研究团队编写，力求内容的全面性、趣味性和观赏性。全书内容丰富、结构合理，关于车辆的相关参数还参考了制造商官方网站的公开数据，以及国外的权威军事文档。

本书由《深度军事》编委会创作，参与本书编写的人员有阳晓瑜、陈利华、高丽秋、龚川、何海涛、贺强、胡妹婷、黄启华、黎安芝、黎琪、黎绍文、卢刚、罗于华等。对于广大资深军事爱好者，以及有兴趣了解并掌握国防军事知识的青少年，本书不失为很有价值的科普读物。希望读者朋友们能够通过阅读本书循序渐进地提高自己的军事素养。

本书赠送的图片及其他资源均以二维码形式提供，读者可以使用手机扫描下面的二维码下载并观看。

Chapter 1 军用车辆漫谈	1
军用车辆的历史	2
军用车辆的分类	8
Chapter 2 装甲战斗车辆	**12**
美国 M113 装甲运兵车	13
美国 AIFV 步兵战车	17
美国 M2"布雷德利"步兵战车	22
美国 LAV-25 装甲车	26
美国 M1117 装甲车	31
美国"斯特赖克"装甲车	36
俄罗斯 BMP-1 步兵战车	41
俄罗斯 BMP-2 步兵战车	46
俄罗斯 BMP-3 步兵战车	50
英国"武士"步兵战车	55
英国"风暴"装甲运兵车	59
法国 AMX-VCI 步兵战车	63
法国 AMX-10P 步兵战车	68
法国 AMX-10RC 装甲车	73

法国 VBCI 步兵战车 77
德国"黄鼠狼"步兵战车 82
德国"美洲狮"步兵战车 87
德国"拳师犬"装甲运兵车 91
意大利"达多"步兵战车 96
以色列"阿奇扎里特"装甲运兵车 100
瑞典 CV-90 步兵战车 105
瑞士"食人鱼"装甲车 109
日本 89 式步兵战车 113
日本 96 式装甲运兵车 118

Chapter 3　两栖车辆 123

美国 AAV-7A1 两栖装甲车 124
美国 LVTP-5 两栖装甲车 128
俄罗斯 BTR-60 装甲运兵车 132
俄罗斯 BTR-70 装甲运兵车 136
俄罗斯 BTR-80 装甲运兵车 141
俄罗斯 BTR-82 装甲运兵车 145
俄罗斯 BRDM-2 装甲侦察车 149
俄罗斯"回旋镖"装甲运兵车 154
乌克兰 BTR-4 装甲运兵车 158
意大利 VBTP-MR 装甲车 162

Chapter 4　空降车辆 168

俄罗斯 BMD-1 伞兵战车 169
俄罗斯 BMD-2 伞兵战车 174
俄罗斯 BMD-3 伞兵战车 179
俄罗斯 BMD-4 伞兵战车 183
英国"弯刀"装甲侦察车 188
德国"鼬鼠"空降战车 192

Chapter 5　越野车辆 197

美国"悍马"装甲车 198
美国 L-ATV 装甲车 203
俄罗斯"虎"式装甲车 207
英国"撒拉森"装甲车 212
法国 VBL 装甲车 217
法国 VAB 装甲车 222
日本 73 式吉普车 226
日本高机动车 230

Chapter 6　运输车辆 235

美国重型增程机动战术卡车 236
美国 M1070 重型装备运输卡车 240
俄罗斯乌拉尔 4320 卡车 246
英国"平茨高尔"高机动性全地形车 250
德国乌尼莫克 U4000 卡车 255
德国"野犬"全方位防护运输车 259
瑞典 Bv206 装甲全地形车 264
瑞典 BvS10 装甲全地形车 269
日本 73 式大型卡车 273

Chapter 7　特种车辆 278

美国 M728 战斗工程车 279
美国 M9 装甲战斗推土机 283
俄罗斯 IMR-2 战斗工程车 288
法国 AMX-30 战斗工程牵引车 293
南非 RG-31 防地雷反伏击车 297
南非 RG-35 防地雷反伏击车 302

Chapter 1
军用车辆漫谈

军用车辆是军队的重要装备之一,是军队战斗力中机动能力的重要组成部分,是顺利完成后勤服务的重要基础。

军用车辆的历史

自古以来,人类就希望制造一种自己运动的车辆。利用风力作动力的车是人类向车辆自动行驶方面迈进的一个重要里程碑。1600年,荷兰数学家西蒙·斯蒂文(Simon Stevin)制造出双桅风车,借助风力最高车速可达24千米/时。不过,发动机的问世才是汽车诞生的基本条件。

1711年,英国铁匠托马斯·纽科门(Thomas Newcomen)发明了常压蒸汽机。1765年,英国格拉斯戈大学的工人詹姆斯·瓦特(James Watt)改进了托马斯·纽科门的蒸汽机,研制出世界上第一台实用的蒸汽发动机,实现了作业机和动力机的结合。到1784年,蒸汽机进入大规模生产,并在世界各国广泛应用。自此,人类进入蒸汽时代,交通运输业进一步发展。

詹姆斯·瓦特肖像画

1769年,法国工程师尼古拉·居纽(Nicolas Cugnot)利用蒸汽机制造出世界上第一辆无须人畜推拉、使用蒸汽机作动力驱动车辆的三轮车,它是汽车发展史上的一个里程碑。虽然这辆蒸汽机汽车的速度只有4千米/时,而且控制系统和操作系统都不完善,但法国和英国的汽车俱乐部都一致认为这是世界上第一辆汽车。

1859年,美国人多利克发现了石油并加以开采。1874年,美国人扬格发现了利用蒸馏法提取易燃烧的汽油,其热值比煤气要高一倍。1859年,比利时工程师埃特尼·勒努瓦(Etienne Lenoir)发明了让燃料在发动机内部燃烧的内燃机,因为造价高而没能商业化推广。

1862年,法国人德·罗夏斯提出了四冲程内燃机原理。1878年才由德国人尼古拉·奥托(Nikolaus August Otto)和尤金·兰根(Eugen Langen)依据四冲程工作原理,首创四冲程活塞循环,共同设计并制造出较为经济的四冲程往复式活塞内燃机,它与现代内燃机的原理很接近,是第一台能代替蒸汽机的实用内燃机。

Chapter 1　军用车辆漫谈

1885年，德国人威尔霍姆·迈巴赫（Wilhelm Maybach）获得第一个发动机专利。由于轻便和操作简单的内燃机的出现，完全改变了汽车的动力状况。

1886年，德国工程师卡尔·本茨（Kar Benz）和戈特里布·戴姆勒（Geottlieb Daimler）相继发明了汽车。卡尔·本茨采用木料制造的三轮汽车是世界上公认的第一辆真正投入使用的汽车，他把自制的内燃机安置在一辆三轮马车前后轮之间的车体上，从而研制出第一辆商业性的无马车辆——三轮汽车，它以18千米/时的速度走出了世界汽车史上的第一步。1886年1月29日，卡尔·本茨在德国取得汽车专利证，这一天被国际汽车界确定为汽车的诞生日。

卡尔·本茨

1889年，法国工程师雷内·庞阿德（Rene Panherd）和埃米尔·莱瓦索（Emile Lovassor）在巴黎世界博览会上结识了戈特里布·戴姆勒，从此开始了他们对汽车技术的探索。1891年，埃米尔·莱瓦索将汽车重新设计，使装在底盘前部的发动机通过离合器、变速器，使用链条驱动后轮，从而使汽车脱离马车的设计，奠定了现代汽车的设计雏形，从此揭开了汽车时代的序幕。后来雷内·庞阿德在驾驶室前方加装了挡风玻璃，并设计了后厢和车篷。

1895年，莱瓦索驾驶自己设计的汽车，以24千米/时的速度，从巴黎开到波尔多，全程1160千米，沿途向人们展示了汽车的魅力，使汽车广为人知。同年，法国科学院正式把这种乘人的车辆定名为"汽车"（Automobile），该词源自希腊文的Auto（自己）和拉丁文的mobile（运动），即自己运动的车辆。1902年，荷兰人斯巴依卡兄弟研制出第一辆真正投入使用的4×4型汽车，该车采用4缸水冷发动机。

汽车问世不久，即被军事家列为常备武器之一。1911—1912年，意土战争中，意大利人首次使用了装有汽油发动机的汽车。一战爆发前，各国军队只有少量的运输车，且均为民用汽车，其越野能力、可靠性、牵引能力等都是十分有限的。在前线最初的几次战斗中显示了军用车辆的巨大作用，各国纷纷购买或征用民用汽车作军队军需物资的运输。到了1918年，法军有92000辆汽车，英军有76000辆，德军有59000辆。

二战大大地加快了各国军用车辆的发展速度。战争期间，汽车开始大量装备军队，当时的军用车辆大都利用民用车辆总成拼凑、改进而成。这方面的改进主要有：将4×2型和6×4型民用汽车改为4×4型和6×6型；提高了汽车发动机的功率；加强了汽车的越野能力；改进了汽车的灯光；汽车喷涂橄榄绿。除了结构上的改进，汽车的用途也扩大了，它除了用作军队后勤运输车使用外，还用作指挥、联络、通信、牵引火炮、运载武器以及其他工程作业车辆。

不过，当时对于汽车的军用要求不是很明确，有些要求则限于条件而无法实现。除了一些机动性能较高的4×4型轻型越野汽车外，大多数4×4型和6×6型汽车的后桥往往还是采用双胎，越野载重不超过5吨，越野性能也很不理想。

美国在二战中使用的M3半履带装甲车

二战后，各国鉴于战时军用车辆的缺点，开始着手改进，并发展了新一代军用车辆。这一时期军用车辆技术发展的主要特点是：越野汽车成为发展的重点，越野汽车的越野性能和载重量有所提高，前后桥普遍采用单胎，开始采用低压轮胎和轮胎充放气系统，并发展了8×8型重型越野汽车。此外提高了军用车辆的地区适应性，在汽车的设计和材料等方面均有了较大的进展。

Chapter 1　军用车辆漫谈

20世纪七八十年代，各国均发展了新一代军用车辆。这一时期军用车辆技术发展的主要特点是：可靠性、可维修性及机动性均有较大提高；发动机功率有所增加，除1吨以下车型外普遍采用柴油发动机；轮胎中央充放气系统得到进一步发展；载重量普遍增加。

进入20世纪90年代，由于苏联的解体和海湾战争，各军事强国都在着手重新制定本国的军事与国防科技战略，并着手对国防科技工业进行调整与改革，对现有的军用车辆进行了改进和更新，并发展了一些新型军用车辆。这一时期，先进的电子技术和计算机控制技术在军用车辆上开始应用，主要体现在电喷柴油发动机、电子控制的自动变速箱、ABS/ASR系统、自动化轮胎中央充放气系统、电液后桥转向系统、状态检测/故障诊断系统。

时至今日，军用车辆仍在不断发展，在现代军队中发挥的作用也越来越大。军用车辆不仅能向战区输送兵员、军械、弹药、油料、医药和生活用品等，而且还可以直接参与战争，牵引各种火炮，运输、发射导弹和火箭，打击目标，并且机动灵活地转移。

美国"悍马"装甲车

美国 L-ATV 装甲车

美国 M113 装甲运兵车编队

Chapter 1 军用车辆漫谈

俄罗斯 BMD-2 伞兵战车

德国"野犬"全方位防护运输车

军用车辆的分类

军用车辆一般分为履带式车辆和轮式车辆两大类,根据其防护性可以分为装甲车辆和非装甲车辆。履带可以将车辆的重量平均分散在地面,防止车辆沉入地面,履带表面可完整贴于地面,抓地力极强,因此可在较恶劣的地表行驶,其爬坡性能、越野性能、通行性能等远优于轮式车辆。不过,轮式车辆在公路上的最高时速也远远高于履带式车辆。此外,轮式车辆的造价通常也大大低于履带式车辆。

坦克也是履带式装甲车辆的一种,但是在习惯上通常因作战用途另外独立分类,而装甲车辆多半是指防护力与火力较坦克弱的车种。装甲车辆的特性为具有高度的越野机动性能,有一定的防护和火力,为了增强防护和方便成员下车战斗,多采用前置动力装置方案。大多数装甲车辆可以在水上行驶,可以执行运输、侦察、指挥、救护、伴随坦克及步兵作战等多种任务,还有执行专门任务的装甲车辆,如装甲回收车、装甲指挥车、装甲扫雷车、装甲架桥车等。

非装甲车辆大多是轮式车辆,用于执行危险性相对较低的任务。轮式非装甲车辆按驱动方式可以分为全轮驱动型和多轮驱动型,如4×4型、6×6型、8×8型、4×2型、6×4型、8×4型等,按车型可以分为小汽车、大客车、卡车、牵引车、自卸车、油罐车、厢式车、特种车等,按载重量可分为轻型汽车、中型汽车和重型汽车,按机动性可分为战略机动性车辆和战术机动性车辆。

美国 AAV-7A1 两栖装甲车

Chapter 1　军用车辆漫谈

美国M2"布雷德利"步兵战车

美国"斯特赖克"装甲车

俄罗斯乌拉尔 4320 卡车

法国 AMX-10RC 装甲车

德国"美洲狮"步兵战车

瑞典 BvS10 装甲全地形车

Chapter 2
装甲战斗车辆

装甲战斗车辆是指安装有装甲和武器的军用车辆。坦克也是装甲战斗车辆的一种，但在习惯上通常因作战用途不同而独立分类，而通称的装甲战斗车辆多半是指防护力与火力比坦克弱的车种。

Chapter 2　装甲战斗车辆

美国 M113 装甲运兵车

　　M113装甲运兵车是美国食品机械化学公司于20世纪50年代研制的一款装甲运兵车，因价格便宜好用、改装方便而被许多国家采用。该车的衍生型号较多，可以担任运输到火力支援等多种角色。

基本参数	
全长	4.86 米
全宽	2.69 米
全高	2.5 米
重量	12.3 吨
最大速度	67.6 千米/时
最大行程	480 千米

研发历史

　　20世纪50年代，食品机械化学公司与恺撒铝业公司联合研发出可以作为造车材料用的铝合金，让装甲车设计师找到了满足防御力及重量平衡的解决方案。根据美国陆军的需求，食品机械化学公司提出了两种初期概念设计，即T113和T117，前者就是后来的M113装甲运兵车。1960年，M113开始进入美国陆军服役。1964年M113A1定型生产后，又先后发展了M113A2、M113A3等改进型号。为了适应现代战争的需要，1978年和1984年美国又分别对M113和M113A1进行了两次现代化改进。

13

美军装备的 M113 装甲运兵车

车体构造

M113装甲运兵车使用航空铝材制造，可使整车重量更轻，结构更紧密，同时还拥有不逊于钢制车体的防护力。另外，还可使用重量较轻的小功率发动机。驾驶员位于车体左前方，他的前方和左侧装有4具M17潜望镜，顶部舱盖上装有1具M19潜望镜，夜间驾驶时可换装红外或被动式夜视潜望镜。动力舱位于驾驶员右侧，舱内有灭火系统。载员舱在车体后部，可运载11名步兵，步兵坐在两侧长椅上，长椅可向上折叠，以便运输货物或作救护车用。

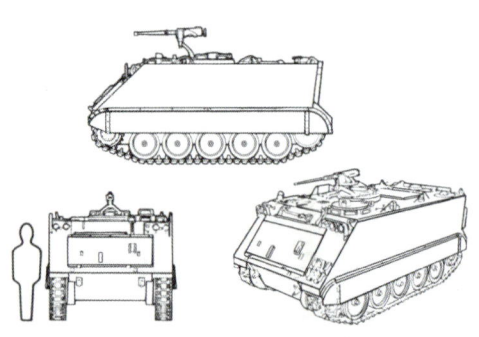

M113 装甲运兵车结构图

攻击能力

M113装甲运兵车最常用的武器是1挺12.7毫米M2重机枪，由车长操作。除此之外，还可以换装40毫米Mk 19自动榴弹发射器、无后坐力炮甚至反坦克导弹。车上没有射孔，载员不能在车上作战。

伊拉克战场上的M113装甲运兵车

防护能力

M113装甲车的铝合金车体能保护车内人员不受枪弹或弹片的伤害，装甲厚度为12~38毫米。根据需要，该车可以外挂反应装甲、加强金属板或格栅装甲（一种外挂式轻型装甲，主要用于抵御空心爆破战斗部的火箭弹）。

M113装甲运兵车侧前方视角

机动能力

M113装甲运兵车采用扭杆悬挂,每侧有5个双轮缘挂胶负重轮,主动轮在前,诱导轮在后,没有托带轮。第一和第五组负重轮装有液压减震器,采用单销式挂胶履带板。该车可以水陆两用,水上行驶用履带划水,最大速度为5.6千米/时,水上转向与陆上相似。该车的爬越度为60%,越墙高度为0.61米,越壕宽度为1.68米。

高速行驶的 M113 装甲运兵车

十秒速识

M113装甲运兵车的发动机进出气百叶窗和排气管安装在车体顶部,车尾有可向下打开的上下车电动跳板,跳板左侧另开有一扇门。载员舱顶部有一个长方形后开舱盖,其后方有圆顶形通气孔。

Chapter 2　装甲战斗车辆

美国 AIFV 步兵战车

　　AIFV（Armored Infantry Fighting Vehicle）步兵战车是美国食品机械化学公司于20世纪70年代设计制造的一款履带式步兵战车，截至2017年7月仍然在役。

研发历史

　　1967年，食品机械化学公司根据与美国陆军签订的合同，开始制造命名为XM765的样车。该车是以M113装甲运兵车为基础改进而来，主要改进是在车体上开了射孔，并安装了全密闭式炮塔。第一辆样车于1970年制成，全密闭式炮塔位于车体中央，紧靠其后为车长指挥塔。这种布置使车长前方视界太小。而后重新设计，炮塔移到车体右侧，并正式命名为AIFV步兵战车。该车主要用于出口，先后被荷兰、菲律宾、比利时、埃及、约旦、摩洛哥、土耳其、阿联酋等国家采用。

基本参数	
全长	5.26 米
全宽	2.82 米
全高	2.62 米
重量	13.6 吨
最大速度	61 千米/时
最大行程	490 千米

荷兰军队装备的 AIFV 步兵战车

车体构造

AIFV步兵战车的车体采用铝合金焊接结构，为了避免发生意外事故，车内单兵武器在射击时都有支架。驾驶员在车体前部左侧，在其前方和左侧有4具M27昼间潜望镜，中间有1个可换成被动式夜间驾驶仪。车长在驾驶员后方，有5具潜望镜，其中4具为标准的M17潜望镜，1具为M20A1潜望镜（可根据需要换成被动式夜间潜望镜）。载员舱在车体后部，可载步兵7人。AIFV步兵战车能用履带划水在水中行驶，入水前将车前折叠式防浪板升起。

攻击能力

AIFV步兵战车的主要武器为1门25毫米KBA-B02机关炮，备弹320发。机关炮左侧有1挺7.62毫米FN并列机枪，备弹1840发。此外，车体前部还有6部烟幕弹发射器。AIFV步兵战车的舱内有废弹壳搜集袋，以防止射击后抛出的弹壳伤害邻近的步兵。

Chapter 2　装甲战斗车辆

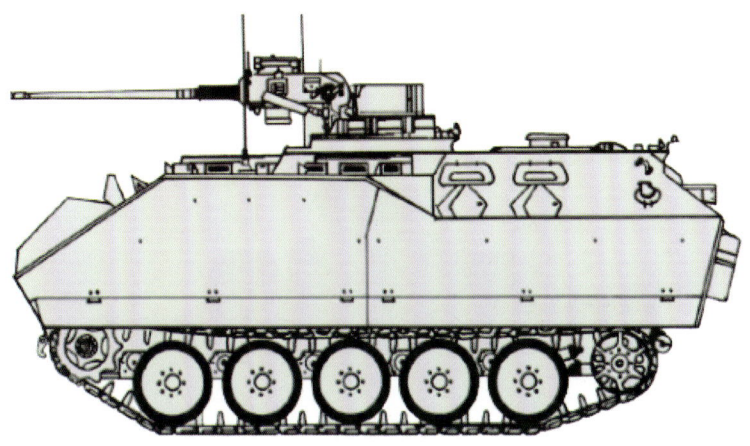

AIFV 步兵战车结构图

炮塔旋转后的 AIFV 步兵战车

▶ 防护能力

AIFV步兵战车的车体及炮塔披挂有间隙钢装甲，使用螺栓与主装甲连接。这种间隙装甲中充填有网状的聚氨酯泡沫塑料,重量较轻,并有利于提高车辆水中行驶时的浮力。

经过简单伪装后的 AIFV 步兵战车

机动能力

　　AIFV步兵战车的动力传动装置与M113装甲运兵车相似,但有一些改进,如发动机增加了涡轮增压器和高散热的散热器,变速箱改装了耐大负荷的零部件,以及采用M548履带式运货车的侧传动等。AIFV步兵战车有5对负重轮,无托带轮,在第一、第二和第五负重轮上有液压减震器。履带为T130E1钢质履带,有橡胶衬套和可更换的橡胶衬垫。

　　AIFV步兵战车在水中行驶时的最大速度为6千米/时,在公路上的最大速度为61千米/时。该车从静止状态加速到32千米/时需要10秒时间,加速到48千米/时需要23秒时间。AIFV步兵战车的爬坡度为60%,越墙高度为0.635米,越壕宽度为1.625米,转向半径为7.62米。

Chapter 2　装甲战斗车辆

高速行驶的 AIFV 步兵战车

十秒速识

AIFV步兵战车的单人炮塔在车体顶部右侧，载员舱顶部有单盖舱口用于通风。车尾有动力操纵的跳板式大门，步兵通过此门出入。大门左侧有安全门，两侧有燃油箱，并使用装甲板与车内隔开。

美国 M2"布雷德利"步兵战车

M2"布雷德利"（Bradley）步兵战车是美国于20世纪80年代研制的履带式步兵战车，可独立作战或协同坦克作战。

研发历史

1972年4月，美国陆军认为当时现役的M113装甲运兵车已经无法满足作战要求，于是推出了新的步兵战车发展计划。该计划得到了克莱斯勒集团、食品机械化学公司（后被联合防卫公司并购）、太平洋汽车和铸造公司的积极响应，最终食品机械化学公司赢得了竞标。1975年夏季，食品机械化学公司推出了XM-732步兵战车。该车后来按照美国军方的意见进行修改，1980年被命名为M2"布雷德利"步兵战车，1981年开始量产，随后进入美国军队服役。截至2017年7月，M2"布雷德利"步兵战车仍然在役。

基本参数	
全长	6.55 米
全宽	3.6 米
全高	2.98 米
重量	30.4 吨
最大速度	66 千米/时
最大行程	483 千米

Chapter 2　装甲战斗车辆

美国陆军士兵依托 M2"布雷德利"步兵战车作战

车体构造

　　M2"布雷德利"步兵战车采用焊接铝质车身，驾驶员位于车体前部的左侧，其右为发动机，载员舱在车体右后部。车顶有双人电动炮塔，炮塔左侧为"陶"式反坦克导弹发射架。该车早期型号装备了一套折叠式围帐附件，在下水之前由乘员安装，操作时间为30分钟。后期型号有一种安装在车辆前面和侧面的膨胀浮筒，采用类似水密舱分段设计，可在15分钟内完成准备工作。除了3名车组人员外，M2"布雷德利"步兵战车最多可以搭载7名乘员。

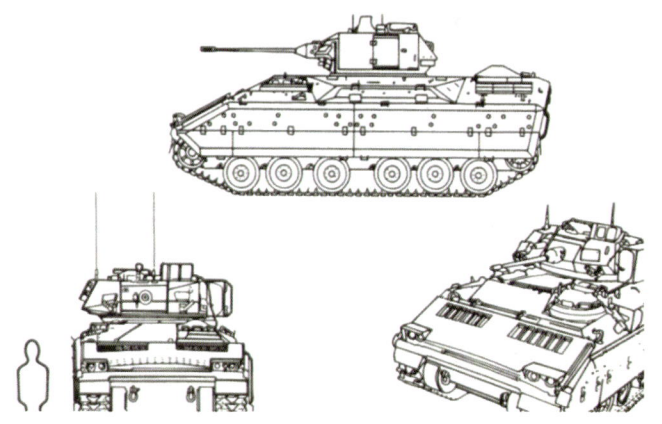

M2"布雷德利"步兵战车结构图

23

攻击能力

M2"布雷德利"步兵战车的主要武器为1门M242"大毒蛇"25毫米机关炮,射速有单发、100发/分、200发/分、500发/分四种,可由射手选择。战车炮塔还有安装有1挺7.62毫米并列机枪,此外还有1部BGM-71"陶"式反坦克导弹发射架。

防护能力

M2"布雷德利"步兵战车的车体为铝合金装甲焊接结构,其装甲可以抵抗14.5毫米枪弹和155毫米炮弹破片。其中,车首前上装甲、顶装甲和侧部倾斜装甲采用铝合金,车首前下装甲、炮塔前上部和顶部为钢装甲,车体后部和两侧垂直装甲为间隙装甲。间隙装甲由外向内的各层依次为6.35毫米钢装甲、25.4毫米间隙、6.35毫米钢装甲、88.9毫米间隙和25.4毫米铝装甲背板,总厚度达152.4毫米。车体底部装甲为5083铝合金,其前部1/3挂有一层用于防地雷的9.52毫米钢装甲。

机动能力

M2"布雷德利"步兵战车的发动机为1台康明斯VTA-903T柴油发动机,功率为447千瓦。传动系统为洛克希德·马丁公司生产的HMPT-500液压传动系统,提供三挡速度,在此范围内均能无级变速。该车在水中行驶时使用履带推进,最大速度能达到7.2千米/时。

美军士兵以M2"布雷德利"步兵战车为掩体

高速行驶的M2"布雷德利"步兵战车

十秒速识

M2"布雷德利"步兵战车的车体采用爆炸反应装甲焊接结构,车前装有下放式附加装甲,侧面有侧裙板。车尾有一个跳板式车门,采用液压装置操纵,左侧还开有小舱门,以备应急出入。

M2"布雷德利"步兵战车侧前方视角

 ## 美国 LAV-25 装甲车

Chapter 2　装甲战斗车辆

LAV-25装甲车是通用汽车公司为美国海军陆战队制造的一款8×8轮式装甲车，于1983年开始服役。

研发历史

基本参数	
全长	6.39 米
全宽	2.5 米
全高	2.69 米
重量	12.8 吨
最大速度	100 千米/时
最大行程	660 千米

1980年，美国为了满足新组建的快速部署部队的需要，决定发展一种轮式步兵战车，由美国陆军和海军陆战队共同负责实施，并提出了能满足双方要求的战术技术指标。1981年有7家企业的8个方案投标，其中有3家的4种车型参加了1982年的竞争性对比试验。1982年9月，美军正式宣布通用汽车公司的方案中标，并将该公司推出的"皮兰哈"轮式装甲车（8×8）命名为LAV-25轮式装甲车。1983年，LAV-25装甲车开始服役。截至2017年7月，该车仍然在役。

美国海军陆战队士兵依托LAV-25装甲车作战

车体构造

LAV-25装甲车的车体较长，驾驶员位于车体前部左侧。其炮塔居中，内有车长与炮手的位置，载员舱在车体后部。车体两侧各有4个负重轮，每排车轮之间的间隔等距。为了便于自救，车上安装有绞盘。

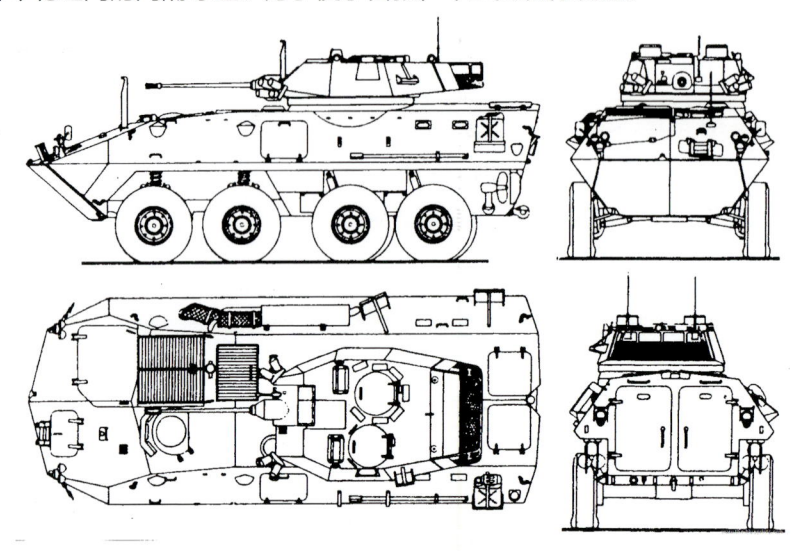

LAV-25 装甲车结构图

攻击能力

LAV-25装甲车采用德尔科公司生产的双人炮塔，安装有1门25毫米链式机关炮。该炮有双向稳定，便于越野时行进间射击。辅助武器为1挺M240并列机枪和1挺M60机枪。炮塔两侧各有1组M257烟幕弹发射器，每组4台。

Chapter 2　装甲战斗车辆

防护能力

　　LAV-25装甲车的车体和炮塔均采用装甲钢焊接结构，正面可以抵御7.62毫米穿甲弹，其他部位能抵御7.62毫米杀伤弹和炮弹破片。乘员位置附近加装芳纶衬层，用于防止穿透装甲的弹丸、破片以及崩落的装甲碎块伤害车内乘员。虽然该车的装甲较薄，但车速较高，车身隐蔽性好，不易被击中，而且发动机噪声非常小，具有较好的战场生存能力。

机动能力

　　LAV-25装甲车安装有1台6V-53T涡轮增压柴油发动机，功率为205千瓦，与之匹配的为MT-653DR液力机械传动装置，有5个前进挡与1个倒退挡。该车具有浮渡能力，水上行驶时靠2台喷水推进器推进，车首有防浪板。为了便于快速部署，美军要求LAV-25装甲车可以用现有的军用运输机或直升机空运或空投。采用运输机时，C-5运输机能运送8辆，C-141运输机能运送2辆，C-130运输机能运送1辆，海军陆战队的CH-53E运输直升机也能运送1辆。

涉水行驶的 LAV-25 装甲车

十秒速识

　　LAV-25装甲车的车头下方车体正面向后倾斜至前负重轮位置，车体前上部装甲倾斜明显，车顶水平，垂直车尾有两扇门。炮塔在车身后部偏左，正面平直，侧面和后面内倾，后置挂篮。

LAV-25 装甲车侧面视角

美国 M1117 装甲车

M1117装甲车是美国达信海上和地面系统公司于20世纪90年代研制的四轮装甲车，1999年美军购入本车作为宪兵用车，之后加强了装甲投入阿富汗和伊拉克战场，在火力密集区顶替"悍马"装甲车。

基本参数	
全长	6 米
全宽	2.6 米
全高	2.6 米
重量	13.47 吨
最大速度	63 千米/时
最大行程	500 千米

研发历史

20世纪90年代，美国达信海上和地面系统公司赢得了美国陆军宪兵的"警备装甲载具"（ASV）计划的竞标。在制造4辆XM1117原型车通过了测试之后，达信海上和地面系统公司获得了第一批价值5000万美元的采购合约。1999年，第一辆M1117装甲车交付使用。2006年4月，美国陆军订购的M1117装甲车全部交付完毕，总产量超过1800辆。按照设计要求，美国陆军宪兵队主要使用M1117装甲车完成维护地区安全、战场巡逻和战时俘虏管理等任务。除美国外，罗马尼亚、保加利亚、哥伦比亚、伊拉克、阿富汗等国也有采用。截至2017年7月，M1117装甲车仍然在役。

美国陆军 M1117 装甲车编队

车体构造

M1117装甲车的车长和驾驶员位于车体前部，车长和驾驶员位置顶部各有1个舱盖，以便于向车外观察。驾驶舱的前面和侧面设置了6面高强度的防弹玻璃。车体中央是载员舱和单人炮塔，后部是动力舱。除了驾驶员、车长和单人炮塔内的炮长外，载员舱还可搭载10名士兵。

攻击能力

M1117装甲车的炮塔内有1部40毫米Mk 19榴弹发射器，辅助武器为1挺12.7毫米M2HB重机枪。炮长在单人炮塔内操纵武器进行射击，而不必探身车外，这样大大减少了乘员被击中的危险。此外，炮塔两侧各配置了1组四联装烟幕榴弹发射器。

Chapter 2 装甲战斗车辆

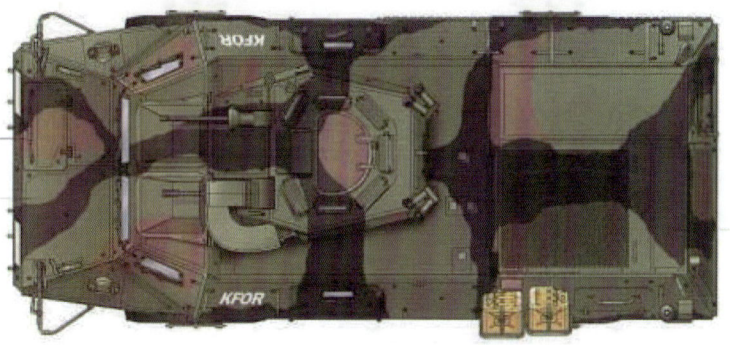

M1117 装甲车结构图

防护能力

M1117装甲车采用了全焊接钢装甲车体,表面披挂了一层先进的陶瓷装甲。这种装甲系统被称为IBD模块化可延展性装甲系统,能够提供比普通装甲高得多的防护能力。另外,车体内部还设置了防崩落衬层,以提高乘员的生存能力。M1117装甲车的防护性能介于"悍马"装甲车与"斯特赖克"装甲车之间,其装甲可承受12.7毫米口径重机枪弹或155毫米炮弹空爆破片的杀伤。

M1117装甲车俯视图

机动能力

M1117装甲车使用四轮独立驱动系统,易于操作、驾驶稳定,特别适用于城市狭窄街道。该车采用了康明斯6CTA8.3涡轮增压柴油发动机,与之相匹配的是艾里逊MD3560自动变速箱(有6个前进挡和1个倒退挡)和1个单速分动箱。M1117装甲车具有很高的战略机动性,1架C-130运输机可以运送1辆达到战斗全重的M1117装甲车,而C-141运输机能运送2辆,C-17运输机能运送6辆,C-5运输机能运送8辆。

Chapter 2　装甲战斗车辆

M1117 装甲车涉水行驶

十秒速识

M1117装甲车的车顶安装有小型单人炮塔，车体两侧各有一扇车门，每扇门都由两部分组成，下半部分向下打开形成上车踏板，上半部分则向车后部横向打开以进出人员。在车门的上半部分有一个防弹的观察窗，在观察窗下则设置了一个圆形的射击孔。

35

美国"斯特赖克"装甲车

"斯特赖克"（Stryker）装甲车是由美国通用动力公司设计生产的一款轮式装甲车，设计理念源于瑞士"食人鱼"装甲车。

研发历史

20世纪90年代后期，为了适应冷战后的作战需求，美国陆军需要开发一种介于防护能力强、机动性稍差的M2"布拉德利"步兵战车和机动性强、防护能力差的"悍马"之间的装甲车。2000年10月，美国陆军决定对加拿大的LAV-3装甲车进行改进，以开发出一种新装甲车，其成果就是"斯特赖克"装甲车。这种装甲车投入实战后出现了一些问题，美国陆军又对其进行了一系列改进。

"斯特赖克"车族的主要型号包括M1126装甲运兵车、M1127侦察车、M1128机动炮车、M1129迫击炮车、M1130指挥车、M1131炮兵观测车、

基本参数	
全长	6.95 米
全宽	2.72 米
全高	2.64 米
重量	16.47 吨
最大速度	100 千米/时
最大行程	500 千米

M1132工兵车、M1133野战急救车、M1134反坦克导弹车和M1135核生化监测车等。其中，M1126装甲运兵车是"斯特瑞克"系列的基本型，其他型号都是在它的基础上采用即时套件升级方式改装而来，改装可以在前线战场上完成。

M1126 装甲运兵车

M1134 反坦克导弹车

车体构造

"斯特赖克"装甲车是以"食人鱼"装甲车的底盘为基础研制而成,采用8×8驱动形式。该车的长度和宽度比LAV-25装甲车略有增加,而高度略有降低,这使它的车内容积略有增加,车内显得比较宽敞。车体前部是驾驶舱和动力舱,驾驶舱在左侧,动力舱在右侧。车体中央是战斗舱,后部是载员舱。车长席位于动力舱的后方,它的位置最高,便于对外观察。车长席的右侧为步兵班长的专座,位置比车长席稍低。载员舱的两侧各有一条长椅,8名士兵面对面而坐。该车装有自救绞盘,可在淤陷等紧急情况下实施自救。

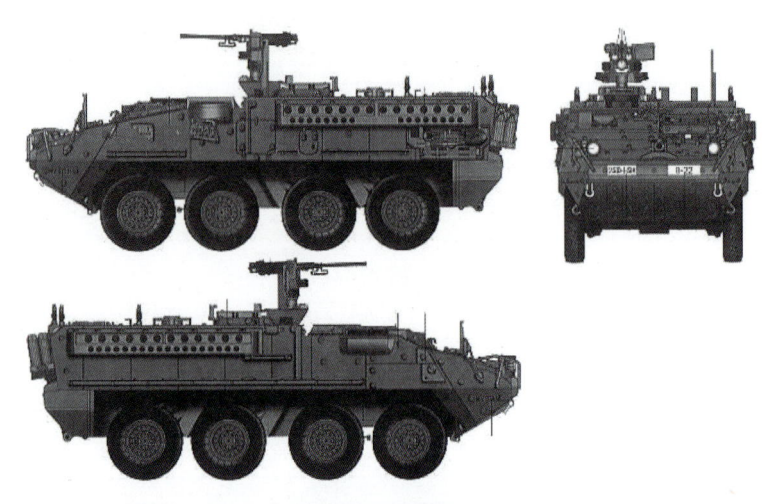

"斯特赖克"装甲车结构图

攻击能力

"斯特赖克"基本型的主要武器为1部Mk 19型40毫米榴弹发射器,也可选用M2型12.7毫米重机枪,一般以前者为主。40毫米榴弹发射器可以用来杀伤2000米以内的有生目标和毁伤轻型装甲目标,其威力远大于12.7毫米重机枪。该榴弹发射器可以发射M430杀伤/破甲两用弹、M383杀伤弹、M384杀伤弹、M385教练弹等弹种,战斗射速为100发/分。除了40毫米榴弹发射器外,还安装有4组四联装烟幕弹发射器4组,车上共有32发烟幕弹。

防护能力

"斯特赖克"装甲车的车体为高硬度钢装甲全焊接结构,主要部位的装甲厚度为14.5毫米,可以抵御7.62毫米穿甲子弹和155毫米榴弹破片的攻击。在主装甲的外面,加装了轻质陶瓷附加装甲,共126~132块,因型号而异。加上陶瓷装甲后,可防300米处14.5毫米机枪弹的攻击。车体装甲内表面贴有"凯夫拉"防崩落衬层,车体外部安装有格栅装甲。车体底部和载员座椅经特殊设计,增强了防反坦克地雷的能力。该车有个体式三防装置,整车采用了降低热信号特征和声音信号特征的隐形化措施。

机动能力

"斯特赖克"装甲车采用8×8驱动形式,后面4个车轮是主动轮,通过前加力,可以使前面的4个车轮也成为主动轮,实现8×8驱动。其动力装置为卡特彼勒C7柴油发动机,最大功率260千瓦。传动装置为艾里逊MD3066型自动变速箱,有6个前进挡和1个倒退挡。该车采用半主动液气悬挂装置,不仅增强了越野行驶能力和乘坐的舒适性,还可以根据需要来调节车底距地高。特质的防弹轮胎装有中央轮胎冲放气系统,提高了车辆的通行能力。"斯特赖克"装甲车具有较强的战略机动性,在战斗全重的状态下,

装有格栅装甲的"斯特赖克"装甲车

C-130运输机可以运送1辆，C-17运输机可以运送3辆，C-5运输机可以运送5辆。

美国士兵从"斯特赖克"装甲车的车尾跳板式车门下车

Chapter 2　装甲战斗车辆

十秒速识

"斯特赖克"装甲车车体的前上装甲倾斜明显,车顶水平。车体两侧各有4个负重轮。车身上没有设置射击孔。车尾有尺寸很大的跳板式车门,车门上还有向右开启的小门。

俄罗斯 BMP-1 步兵战车

BMP-1步兵战车是苏联在二战后设计生产的第一种步兵战车，于1966年开始服役，曾参与过阿富汗战争和海湾战争等。目前，仍有部分该车在俄罗斯和其他国家服役。

基本参数	
全长	6.74 米
全宽	2.94 米
全高	2.07 米
重量	13.2 吨
最大速度	65 千米/时
最大行程	500 千米

研发历史

二战后，经过了残酷的战争洗礼，苏联以装甲力量为核心的大纵深作战理论日趋成熟，同时，缺少能够伴随坦克部队突击的机械化步兵这一重大缺陷也显现出来，坦克骑兵和武装卡车终究只是应急之作。随着原子弹的发明和实用，类似的非封闭装甲车及战术注定要被淘汰。20世纪50年代，苏联下达了研制步兵战车的标书。各大设计局为了争夺这个大订单纷纷拿出了自己的样车，最后履带式设计的765工程胜出，这也就是后来的BMP-1步兵战车，其他样车则进入了库宾卡博物馆。

BMP-1 步兵战车侧前方视角

Chapter 2　装甲战斗车辆

车体构造

BMP-1步兵战车有3名乘员（车长、驾驶员与炮手），其中驾驶员在车体前部左侧，配有3具昼间潜望镜，中间1具可换成高潜望镜，以便在车辆浮渡中竖起防浪板时向前观察。夜间驾驶时中间1具可换成红外夜间驾驶仪。动力舱在驾驶员和车长右侧，转向装置在车体前部，进出气百叶窗均位于车体顶部。车内有高压空气系统用于起动发动机，驾驶员和车长的潜望镜等。载员舱可容纳8名全副武装的士兵，每侧4人，背靠背乘坐，人员通过车后双开门出入。

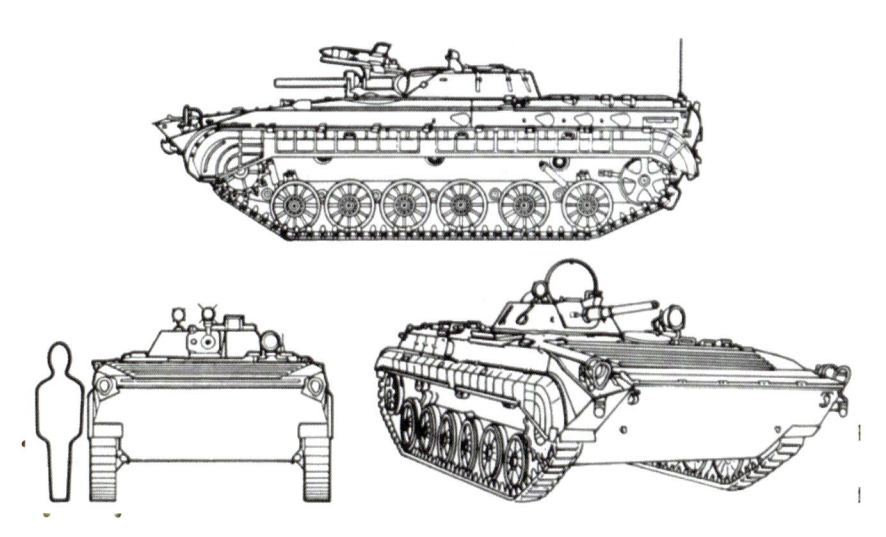

BMP-1 步兵战车结构图

攻击能力

BMP-1步兵战车的主要武器为1门73毫米2A28低压滑膛炮，后坐力小。在炮塔后下方有自动装弹机构，也可人工装填。主炮的俯仰与炮塔驱动均采用电操纵，必要时也可手动操作。主炮右侧有1挺7.62毫米并列机枪，弹药基数为2000发。主炮上方有"赛格"反坦克导弹单轨发射架，配有4枚导弹。导弹通过炮塔顶部前面的窗口装填，只能昼间发射，操纵装置位于炮手座位下面。

BMP-1 步兵战车的主炮特写

防护能力

BMP-1步兵战车的车体采用钢板焊接结构，能防枪弹和炮弹破片，正面可防12.7毫米穿甲弹和穿甲燃烧弹，前上装甲为带加强筋的铝装甲。该车有三防装置，当发生核爆炸时，发动机、动力舱百叶窗、各舱盖、风扇、增压装置以及炮塔的电驱动装置立即关闭，并将空气滤清系统打开。冲击波过后将空气增压装置开启，在超压的情况下，将经过滤清的空气送往乘员舱和载员舱。

BMP-1 步兵战车后方视角

Chapter 2　装甲战斗车辆

机动能力

　　BMP-1步兵战车有着良好的机动性，可快速运送士兵穿过污染区。动力装置为UTD-20柴油发动机，最大功率为225千瓦。BMP-1步兵战车采用扭杆悬挂，主动轮在前，诱导轮在后，每侧有6个负重轮和3个托带轮。第一和第六负重轮处有液压减震器。在履带上方有薄钢板制成的护板，当车辆在雪地行驶时可卸下。该车具有浮渡能力，在浮渡入水前应将车首防浪板竖起，排水泵打开。当车辆浮渡时传动装置的挡位不能高于三挡，水的流速不大于1.2米/秒。由于IL-76运输机可以一次运送2～3辆BMP-1步兵战车，故BMP-1步兵战车也有良好的战略机动性。

BMP-1步兵战车在泥泞路面行驶

十秒速识

　　BMP-1步兵战车的车体前部较尖，前上装甲几乎水平，带有加强筋。车顶右侧有动力舱散热窗，炮塔偏后。车尾竖直，有两扇向后开启的凸起的车门。圆形炮塔侧面倾斜明显。车体两侧各有4个射孔。

BMP-1 步兵战车正前方视角

俄罗斯 BMP-2 步兵战车

BMP-2步兵战车是BMP-1步兵战车的改进型,是BMP系列步兵战车的第二款。该车于1980年开始服役,目前仍有数十个国家的军队使用。

Chapter 2　装甲战斗车辆

研发历史

BMP-2步兵战车是BMP-1步兵战车的改进车型，于1980年开始批量生产，同年正式服役。在1982年莫斯科的阅兵式中，BMP-2步兵战车首次对公众亮相。1985年，BMP-2步兵战车再次出现在红场上时，炮塔两侧披挂着附加装甲。

基本参数	
全长	6.74 米
全宽	2.94 米
全高	2.07 米
重量	14.3 吨
最大速度	65 千米/时
最大行程	500 千米

BMP-2 步兵战车在城区行驶

车体构造

BMP-2步兵战车采用了大型双人炮塔，将BMP-1步兵战车位于驾驶员后方的车长座椅挪到了炮塔内的右方，使其视野和指挥能力得以增强，驾驶员后方的座位用于步兵乘坐。全车分为4个舱，驾驶舱在车体前部左侧，动力舱在右侧，战斗舱位于中央，载员舱居后。驾驶舱使用隔板与动力舱隔开，隔板能隔音隔热。载员舱可载全副武装士兵6人，为便于人员出入，车顶有两个舱口。载员舱两侧各有3个射孔，并有观察镜。

47

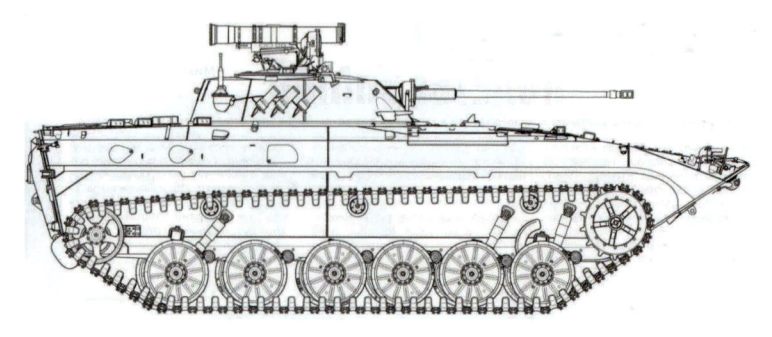

BMP-2 步兵战车结构图

攻击能力

BMP-2步兵战车的主要武器为1门30毫米高平两用机关炮，身管较长，有炮口制退器和双向稳定装置。该炮采用双向单路供弹，弹药基数为500发，可自动装填，也可人工装填。直射距离为1千米，针对不同的地面目标瞄准距离为2~4千米，并且能在2千米距离上对付亚音速的空中目标。在车长和炮手位置顶部中间有1个反坦克导弹发射管，配有4枚红外制导的"拱肩"反坦克导弹，其中1枚处于待发状态。BMP-2步兵战车的辅助武器为1挺7.62毫米机枪，弹药基数为2000发。此外，炮塔两侧各有3台烟幕弹发射器。

阿富汗军队装备的 BMP-2 步兵战车

Chapter 2　装甲战斗车辆

防护能力

为了增强防护能力，BMP-2步兵战车的炮塔和车体均有附加装甲。车内有三防装置、灭火装置、浮渡时使用的救生器材以及热烟幕施放装置等。

机动能力

BMP-2步兵战车的动力装置为1台水冷柴油发动机，功率为294千瓦。行动部分采用扭杆悬挂，有6对负重轮并有托带轮，第一、二和六对负重轮处有液压减震器。车体裙部有护板。BMP-2步兵战车在水中由履带推进，能以8千米/时的速度行驶，入水前竖起车前防浪板，并打开舱底排水泵。

BMP-2步兵战车在草地上行驶

49

十秒速识

除了采用不同的炮塔和更宽的车体外,BMP-2步兵战车的外形与BMP-1步兵战车类似。车体前部较尖,前上装甲几乎水平并有加强筋。车尾的车门改为跳板式。托带轮有裙板覆盖,裙板上有水平棱纹。

BMP-2 步兵战车侧前方视角

俄罗斯 BMP-3 步兵战车

Chapter 2　装甲战斗车辆

BMP-3步兵战车是苏联于1986年推出的BMP系列步兵战车第三款，1987年开始批量生产并装备部队，截至2017年7月仍在俄罗斯军队服役。

基本参数	
全长	7.14 米
全宽	3.2 米
全高	2.4 米
重量	18.7 吨
最大速度	72 千米/时
最大行程	600 千米

研发历史

BMP-2步兵战车因采用的是BMP-1步兵战车的底盘，在发展上受到很大限制，不能满足苏军的要求。20世纪80年代末期，苏军开始寻求全新的步兵战车。最初，新车型采用"685项目"轻型车的底盘，配装30毫米2A42型机关炮和2具反坦克导弹发射器，称为"688项目"车，因其武器火力几乎没有提高而被放弃，随后换装了新型2K23炮塔系统，配装了100毫米2A70型线膛炮和30毫米2A72型机关炮各1门，以及3挺7.62毫米机枪。该车武器的配备得到苏军官方的认可，由此诞生了BMP-3步兵战车。

BMP-3 步兵战车编队

车体构造

BMP-3步兵战车采用箱型车体，车首呈楔形，车尾垂直。驾驶舱位于车体前部，战斗舱居中，载员舱和动力舱后置。该车打破了履带式步兵战车的传统设计布局,采用了独特的发动机后置方案,这样做主要是在考虑到车辆重心的布置和水上平衡设计的同时,还可以增大车首装甲板的倾斜角度,以提高其防护力,不过这也造成了载员上下车不便的问题。

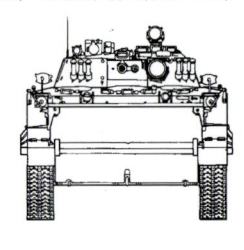

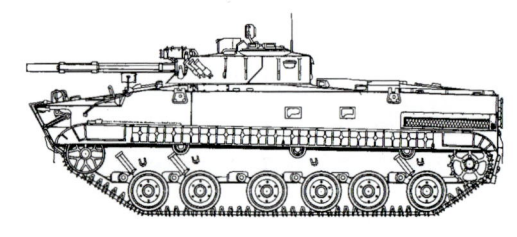

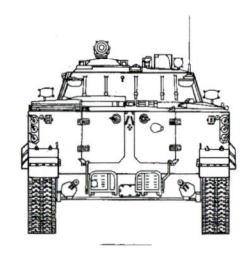

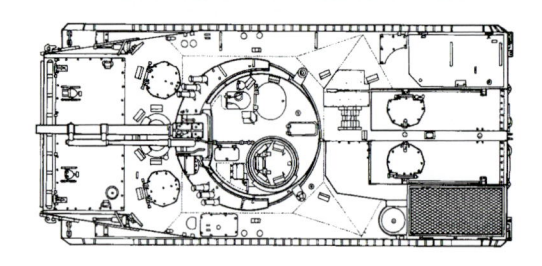

BMP-3 步兵战车结构图

攻击能力

BMP-3步兵战车的火力极为强大,炮塔上有1门100毫米2A70型线膛炮,此炮能发射破片榴弹和AT-10炮射反坦克导弹。在2A70型线膛炮的右侧为30毫米2A72型机炮,最大射速为330发/分,炮口初速为980米/秒,发射的有穿甲弹和榴弹等弹种。BMP-3步兵战车的辅助武器为3挺7.62毫米PKT机枪,分别备弹2000发。除了固定武器外,车上还有2挺便携式轻机枪、载员使用的6支AK-74突击步枪和26毫米信号枪等。

防护能力

BMP-3步兵战车的车体和炮塔为铝合金装甲全焊接结构，重要部位加装轧制钢板附加装甲或间隔装甲。前装甲相当于70毫米钢装甲的防护水平，可抵御500米以外的30毫米穿甲弹的攻击。其余部位可防轻武器和炮弹破片的攻击。车内有超压式三防系统、灭火抑爆系统、热烟幕系统。车体下部的推土铲，既可以工程作业，也可以起到辅助防护作用。

机动能力

BMP-3步兵战车的动力装置为UTD-29M非增压水冷柴油发动机，最大功率为375千瓦，远远超过了BMP-1和BMP-2步兵战车。燃油箱布置在车体的前部，最大容量为690升。传动装置采用液力机械式变速箱，有4个前进挡和2个倒退挡，可实现无级转向和动力换挡，比起BMP-1和BMP-2步兵战车的固定轴式机械变速箱要先进得多。车体每侧有6个负重轮、3个托带轮，第一、第二、第六对负重轮处装有液力减震器，主动轮在后，诱导轮在前。BMP-3步兵战车具有水上行驶能力，利用车体后部的喷水推进器，可以达到10千米/时的速度。

军用车辆鉴赏指南（珍藏版）（第2版）

BMP-3 步兵战车在泥泞路面行驶

十秒速识

BMP-3步兵战车的车体侧面几乎竖直，顶部有斜面，车尾有两个车门。车体右侧后部有一个矩形进气口。车体两侧各有6个等距负重轮。

BMP-3 步兵战车前方视角

英国"武士"步兵战车

"武士"(Warrior)步兵战车是英国于20世纪80年代设计制造的一款履带式步兵战车,于1988年开始服役。

研发历史

基本参数	
全长	6.3 米
全宽	3.03 米
全高	2.8 米
重量	25.4 吨
最大速度	75 千米/时
最大行程	660 千米

1967年,英国陆军计划开发新一代的装甲运兵车,1972—1976年完成初步的方案论证,并拟订出研发计划。1977年,英国国防部选择桑基防务公司(后被英国宇航系统公司并购)作为主承包商,并由该公司负责进行第二阶段的研发。在此同时,美国推出了M2"布雷德利"步兵战车。1978年,英国军方考察了美国的M2"布雷德利"步兵战车,并进行多项测试。随后,英国立刻调整研发方向,计划名称更改为MCV-80。

1979年,英国军方正式展开MCV-80的研发工作。1984年,10辆MCV-80原型车制造完成,随后在波斯湾地区进行沙漠环境的适应性测试。1985

年，MCV-80的研发测试告一段落，被英国国防部正式命名为"武士"步兵战车。1988年，该车进入英国陆军服役，前后共装备了789辆。此外，还有254辆出口到科威特。截至2017年7月，"武士"步兵战车仍在服役。

"武士"步兵战车侧前方视角

车体构造

"武士"步兵战车采用传统布局，驾驶员位于车体前方左侧，其右侧为发动机舱，驾驶席设有3具潜望镜。炮塔内有车长与炮手，车尾载员舱内可容纳7名士兵，由车尾1扇向右开启的电动舱门进出。载员舱顶设有2扇分别向左、右开启的舱门，士兵能露出上半身观测、射击或跳车。此外，车体左侧还有一个宽而扁的舱门。

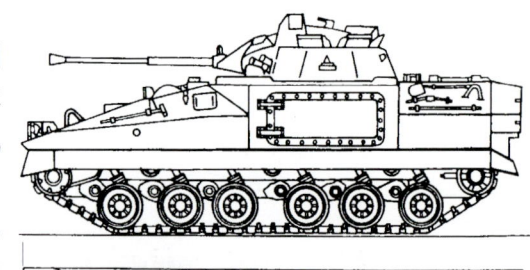

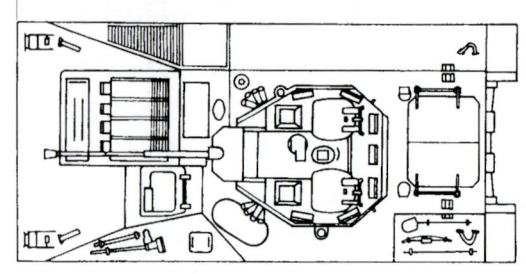

"武士"步兵战车结构图

Chapter 2　装甲战斗车辆

攻击能力

"武士"步兵战车的车体中央有一座双人炮塔，装备1门30毫米机炮（备弹250发）和1挺7.62毫米同轴机枪（备弹2000发），炮塔两侧各有1具"陶"式反坦克导弹发射器。

炮塔旋转后的"武士"步兵战车

防护能力

"武士"步兵战车的装甲以铝合金焊接为主，能抵挡14.5毫米穿甲弹以及155毫米炮弹破片的攻击。该车拥有核生化防护能力，核生化防护系统为全车加压式，并考虑到了长时间作战下的人员需求。

机动能力

"武士"步兵战车采用与"挑战者"主战坦克同系列的"秃鹰"柴油发动机，最大功率为410千瓦。与发动机匹配的是艾里逊X300-4B四速自动变

装有格栅装甲的"武士"步兵战车

速箱（4个前进挡、2个倒退挡）、液压无段式动力辅助转向，使得"武士"步兵战车拥有极佳的机动能力，最大爬坡度31度，最大涉水深度1.3米。

"武士"步兵战车在非铺装路面行驶

Chapter 2　装甲战斗车辆

十秒速识

"武士"步兵战车的车体较高，前上装甲倾斜明显，驾驶员舱盖位于左侧上部，右侧有散热窗，车顶水平，炮塔居中，车后竖直，有一个车门，车门两侧各有一个储物盒，车体无射孔。车体两侧各有6个负重轮，主动轮前置，诱导轮后置。

"武士"步兵战车前方视角

英国"风暴"装甲运兵车

"风暴"（Stormer）装甲运兵车是英国阿尔维斯汽车公司在"蝎"式轻型坦克基础上研制的一款履带式装甲运兵车。

研发历史

20世纪70年代，英国军用车辆与工程设计院在阿尔维斯汽车公司"蝎"式轻型坦克的基础上研制出了FV4333装甲运兵车。1980年，阿尔维斯汽车公司获得了这种车辆的生产和销售权，在进一步改进后，于1981年定名为"风暴"装甲运兵车。除装备英国陆军外，该车还出口到印度尼西亚、马来西亚、阿曼苏丹等国家。

基本参数	
全长	5.27米
全宽	2.76米
全高	2.49米
重量	12.7吨
最大速度	80千米/时
最大行程	800千米

车体构造

"风暴"装甲运兵车有驾驶员、车长兼机枪手和步兵班长3名车组人员，驾驶员位于车体前部左侧，动力舱在其右侧。驾驶员前面有1个可用微光夜视仪替换的潜望镜，放大倍率为1倍。车长位于驾驶员后方的指挥塔内，车长座椅可沿垂直轴液压驱动装置上下滑动，迅速降到车体内。步兵班长位于车长右侧，有4个潜望镜。载员舱在车体后部，有8名士兵面对面坐在两

Chapter 2　装甲战斗车辆

侧，座椅可向上折叠以贮存货物。步兵通过车后一扇向右打开的大门上下车，门上有1个观察镜。载员舱顶部有向两侧打开的大型舱盖。

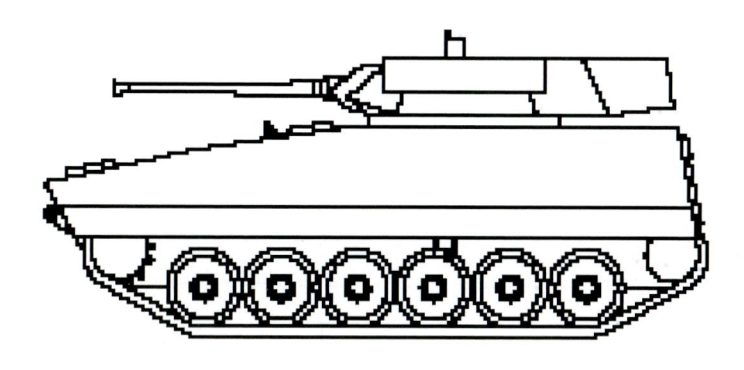

"风暴"装甲运兵车结构图

攻击能力

"风暴"装甲运兵车的武器通常安装在车顶前部，其后有舱盖。炮塔两侧待发位置各有4枚"星光"地对空导弹。车顶还可以选择安装多种武器，包括7.62毫米机枪、12.7毫米机枪、20毫米加农炮、25毫米加农炮、30毫米加农炮、76毫米火炮和90毫米火炮等。

"风暴"装甲运兵车发射"星光"地对空导弹

防护能力

"风暴"装甲运兵车的车体由铝合金装甲焊接而成,为了增强防护力,车体还附加有披挂式装甲。车体左侧、车长位置下方有三防装置和空调设备。此外,车体前部每侧装有4台电动烟幕弹发射器。

机动能力

"风暴"装甲运兵车的动力装置为珀金斯公司的T6.3544型水冷涡轮增压柴油发动机,最大功率为184千瓦。传动装置为阿尔维斯汽车公司的T300型7挡半自动变速箱。悬挂装置为独立式扭杆,每侧安装6对负重轮,并在第一、二、五、六负重轮位置上安装液压减震器。履带为销耳挂胶钢履带板,有可更换的橡胶衬垫。该车无准备时可涉水深1.1米,可安装浮渡围帐,水上行驶靠履带划水,速度6.5千米/时。当附加水上推进器后,速度为9.6千米/时。

"风暴"装甲运兵车在非铺装路面行驶

Chapter 2　装甲战斗车辆

十秒速识

"风暴"装甲运兵车的车体前部角度较大,前上装甲倾斜,车顶水平。车后竖直,有一个向右开启的大门。车体侧面竖直,与车顶交界处有斜面。

"风暴"装甲运兵车侧前方视角

法国 AMX-VCI 步兵战车

AMX-VCI步兵战车是法国罗昂制造厂于20世纪50年代初为满足法军要求而生产的履带式步兵战车，除了装备法军外，还出口到阿根廷、墨西哥等国家。

基本参数	
全长	5.7 米
全宽	2.67 米
全高	2.41 米
重量	15 吨
最大速度	60 千米/时
最大行程	440 千米

研发历史

AMX-VCI步兵战车的研制工作始于20世纪50年代初，主要是为了替换法国霍奇斯公司的TT6和TT9装甲运兵车。1955年完成第一辆样车，1957年开始在罗昂制造厂批量生产。当罗昂制造厂开始生产AMX-30坦克后，AMX-VCI步兵战车随同整个AMX-13轻型坦克车族转到克勒索·卢瓦尔公司生产。该车最初装备法国军队时，曾命名为TT 12 CH Mle 56输送车，后来才改为现名。AMX-VCI步兵战车在法军中装备数量很大，20世纪70年代逐渐被AMX-10P步兵战车取代。截至2017年7月，AMX-VCI步兵战车已从法军退役，但仍在阿根廷、印度尼西亚、墨西哥、阿联酋等国家服役。

车体构造

AMX-VCI步兵战车的底盘与AMX-13轻型坦克相似，为便于涉渡，车

Chapter 2　装甲战斗车辆

体前上装甲板安装有挡水板。该车的车体分为3个舱室，驾驶舱和动力舱在前，载员舱居后。车体前部左侧是驾驶员席，右侧是动力舱。炮手和车长座位均在载员舱内，分别位舱内的左边与右边。载员舱可背靠背乘坐10名步兵，并可通过向外开启的两扇后门出入。

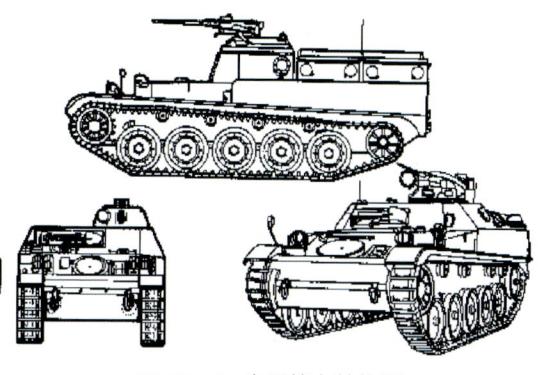

AMX-VCI 步兵战车结构图

攻击能力

　　AMX-VCI步兵战车的主要武器最早是1挺7.5毫米机枪，以后相继被12.7毫米机枪或者装有7.5毫米（或7.62毫米）机枪的CAFL 38炮塔所取代。12.7毫米机枪的俯仰范围为-10度至+68度。在这种情况下，炮手的头部暴露在炮塔座圈的外边。但是当从车内瞄准和射击时，俯仰范围为-10度至+5度。不论是高低俯仰还是水平旋转都系手动操纵。当采用CAFL 38炮塔时，机枪的俯仰范围为-15度至+45度，水平方向旋转360度。

65

防护能力

AMX-VCI步兵战车采用均质钢装甲,车体前上装甲厚15毫米,水平倾角35度。车体前下装甲和车体侧部装甲厚20毫米。载员舱前部装甲厚30毫米,侧面装甲厚20毫米,舱盖装甲厚15毫米。车体顶部和车体后部装甲均为15毫米,车体前底部装甲厚20毫米,车体后下装甲厚10毫米。后期生产的AMX-VCI步兵战车增加了三防装置。

AMX-VCI步兵战车后方视角

机动能力

AMX-VCI步兵战车采用最大功率为1台184千瓦的8缸水冷汽油发动机,也可换为博杜安6V-53T柴油发动机,最大功率为206千瓦。变速箱位于车体前部,其右侧是"克利夫兰"差速转向装置。行动部分采用扭杆悬挂,有5对负重轮和4对托带轮。第一和第五负重轮处装有液压减震器。

Chapter 2　装甲战斗车辆

AMX-VCI 步兵战车正前方视角

十秒速识

AMX-VCI步兵战车的车体侧面基本竖直，车尾有向外开启的两扇车门。车体前上装甲板装有挡水板。车体两侧各有5个负重轮。

AMX-VCI 步兵战车侧前方视角

法国 AMX-10P 步兵战车

AMX-10P步兵战车是法国于20世纪60年代研制的一款履带式步兵战车,用以取代老式的AMX-VCI步兵战车。

研发历史

AMX-10P步兵战车的研制工作始于1968年,1973年开始批量生产并交付法军使用,到1994年停产时,总产量达到1750辆。除装备法军外,AMX-10P步兵战车还大量出口,采购最多的国家为沙特阿拉伯,其他国家还有伊拉克、印度尼西亚、卡塔尔、摩洛哥、希腊、新加坡等。2004年,法国陆军对AMX-10P步兵战车展开了升级计划。截至2017年7月,AMX-10P步兵战车仍然大量在役。

基本参数	
全长	5.79 米
全宽	2.78 米
全高	2.57 米
重量	14.5 吨
最大速度	65 千米/时
最大行程	600 千米

Chapter 2　装甲战斗车辆

AMX-10P 步兵战车在城区行驶

车体构造

AMX-10P步兵战车的发动机前置，驾驶舱位于车体前部左侧。双人炮塔位于车辆中央偏左，炮手在左，车长靠右。载员舱在车体后部，人员通过车尾跳板式大门出入。车门用电操纵，门上有两个舱盖，每个舱盖上各有一个射孔。另外，载员舱顶部还有两个舱盖。为便于水上行驶，AMX-10P步兵战车的车体后方两侧各有一个喷水推进器，车体底部有两个排水泵。

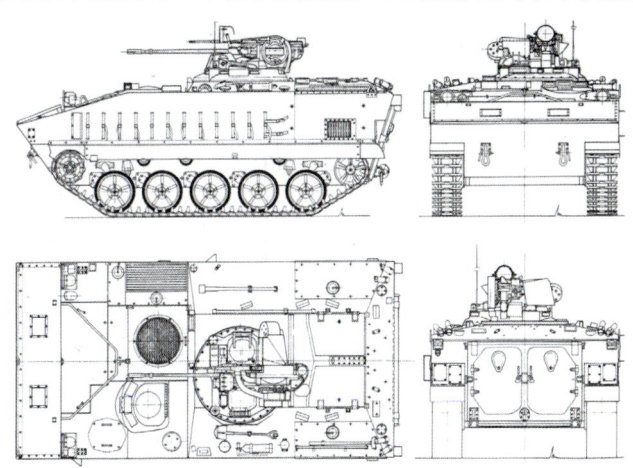

AMX-10P 步兵战车结构图

69

攻击能力

AMX-10P步兵战车的主要武器是1门20毫米M693机关炮，采用双向单路供弹，并配有连发选择装置，但没有炮口制退器。弹药基数为325发，其中燃烧榴弹260发，脱壳穿甲弹65发。该炮对地面目标的最大有效射程为1500米，使用脱壳穿甲弹时在1000米距离上的穿甲厚度为20毫米；辅助武器为1挺7.62毫米机枪，位于主炮的右上方，最大有效射程为1000米，弹药基数为900发。如有需要，该车还可换装莱茵金属公司的20毫米Mk 20 Rh202机关炮，车顶两侧还可安装2个"米兰"反坦克导弹发射架。

防护能力

AMX-10P步兵战车的车体采用铝合金焊接而成，经过2004年的升级改装后，车体前部、两侧、后部和顶部都安装了新的被动式装甲组件，使AMX-10P步兵战车具备更高的防护等级。

Chapter 2　装甲战斗车辆

AMX-10P 步兵战车侧后方视角

▶ 机动能力

　　AMX-10P步兵战车的动力装置为1台HS115柴油发动机，最大功率为205千瓦。传动装置为综合式，将变速箱、离合器与转向装置组合在一起。该装置采用带液力变矩器与闭锁离合器的自动变速箱。离合器由电液操纵，转向装置系三级差速转向机构。悬挂装置为扭杆式，每侧有5个单负重轮和3个托带轮，第一和第五对负重轮处有液压减震器。履带板有橡胶衬垫。AMX-10P步兵战车在水中靠喷水推进器推进，入水前竖起车前防浪板并打开舱底排水泵。

▶ 十秒速识

　　AMX-10P步兵战车的车体两侧基本竖直，前上装甲明显倾斜。车顶前部水平，后部略微倾斜。排气道在车体右侧，进出气道的百叶窗均位于车体顶部。

AMX-10P 步兵战车涉水行驶

AMX-10P 步兵战车上岸

法国 AMX-10RC 装甲车

AMX-10RC 装甲车是由法国地面武器工业集团制造的一款轻型轮式装甲侦察车，于1981年开始服役。

研发历史

为了满足法国陆军取代潘哈德EBR重型装甲车的要求，法国地面武器工业集团从1970年9月开始设计AMX-10RC装甲车。该车与AMX-10P步兵战车除了使用共通的动力套件外，其他设计以及在战场上的角色定位都大不相同。AMX-10RC装甲车拥有相当优秀的机动性能，通常被用于危险环境中执行侦察任务，或是提供直接火力支援。1981年，AMX-10RC装甲车开始服役。除装备法军外，摩洛哥和卡塔尔也进口了AMX-10RC装甲车。截至2017年7月，该车仍然在役。

基本参数	
全长	6.24 米
全宽	2.78 米
全高	2.56 米
重量	15 吨
最大速度	85 千米/时
最大行程	1000 千米

AMX-10RC 装甲车及其弹药

车体构造

AMX-10RC装甲车的驾驶舱在前部，炮塔居中，动力舱在后部。驾驶员在车内前部左侧，座位可调节，向右开的窗盖上有3个潜望镜，中间1个可换为被动式OB-31-A夜视潜望镜。车长和炮长位于炮塔内右侧，装弹手兼无线电操作员在左侧。装弹手有向前、左、后3个潜望镜。车长有1组由6个潜望镜组成的周视潜望镜组、1个独立的潜望镜、1个带自动投影分划的周视M389望远镜。炮长有2个潜望镜和1个M504望远镜。车前左侧的透明玻璃窗口便于浮渡时驾驶员观察。

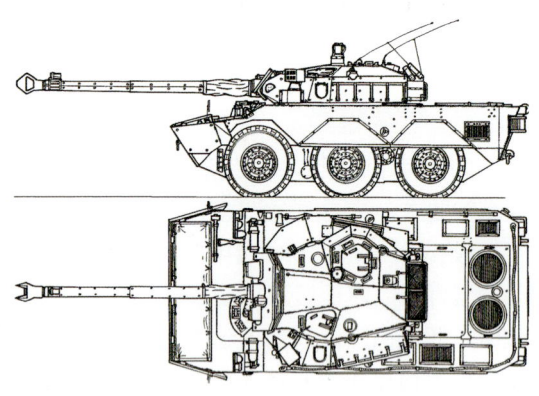

AMX-10RC 装甲车结构图

Chapter 2　装甲战斗车辆

▶ 攻击能力

AMX-10RC装甲车的主要武器是1门安装在铝制焊接炮塔上的105毫米线膛炮，其火力较强，可发射尾翼稳定脱壳穿甲弹、高爆弹、反坦克高爆弹以及烟幕弹等。其中，尾翼稳定脱壳穿甲弹可在2000米的距离外穿透北约装甲标靶中的第三层重甲。辅助武器为1挺7.62毫米机枪，备弹4000发。

AMX-10RC 装甲车开火

▶ 防护能力

AMX-10RC装甲车的车体和炮塔为全焊接的铝制结构，可使乘员免受轻武器、光辐射和弹片的伤害。该车安装了核生化防护系统，这使它能在被放射线污染的环境中执行侦察任务。

AMX-10RC 装甲车前方视角

机动能力

AMX-10RC装甲车的动力装置为1台HS115柴油发动机,后期更换为博杜安6F11SRX柴油发动机,最大功率为209千瓦,而且具有更高燃油经济性,使车辆最大行程增大至1000千米。该车采用默西埃汽车工业公司的液气悬挂系统,包括平衡臂和悬架总成(连接杆、平衡装置和液压缸等)。液压缸起弹簧和减震器的作用,并可调节车底距地高度,最小值为0.21米,公路上为0.35米,越野时为0.47米,两栖操作时为0.6米。AMX-10RC装甲车在水中行驶时靠车体后部的喷水推进器推进,入水前车前的防浪板竖起。

炮塔旋转后的 AMX-10RC 装甲车

十秒速识

AMX-10RC装甲车的车体前端呈楔形,防浪板折叠至车身。车顶水平,车尾与地面垂直。炮塔在车顶中间。车体每侧有3个车轮,各车轮之间的距离相同。

Chapter 2　装甲战斗车辆

法国 VBCI 步兵战车

　　VBCI步兵战车是法国于20世纪90年代研制的一款新一代步兵战车，于2008年开始服役。

研发历史

20世纪90年代,法国陆军提出了新型步兵战车的设计要求,其内容包括战车采用标准模块化保护组件,能够适应各种威胁;安装先进的SIT终端信息系统来实现智能化;装备先进多传感器光电瞄准具,具有准确、快速的昼夜作战能力等。之后,法国地面武器工业集团和雷诺公司合力研发这种新型步兵战车,并于2005年成功推出了VBCI步兵战车。该车经过严格的测试之后,于2008年正式服役。

基本参数	
全长	7.6米
全宽	2.98米
全高	3米
重量	25.6吨
最大速度	100千米/时
最大行程	750千米

车体构造

VBCI步兵战车的车体由前至后分别是:驾驶舱和动力舱、战斗舱和载员舱。车体前部左侧为驾驶舱,这是一个独立的舱室,有隔板和动力舱隔开,又有通道和后部相连通。驾驶舱盖向右打开,其前方有3部潜望镜,中间的1部可换为夜视镜,驾驶员的座椅可调。动力舱位于右侧,前部是发动机和变速箱,稍后是水散热器。动力舱的上部有一个尺寸很大的检查窗,便于维修保养和整体更换发动机和变速箱。战斗舱也是独立的,用筒状格网和其他部分隔开,战斗舱的位置稍稍偏右,其左侧留出了通道。后部的载员舱较宽敞，8名步兵分两排面对面而坐。

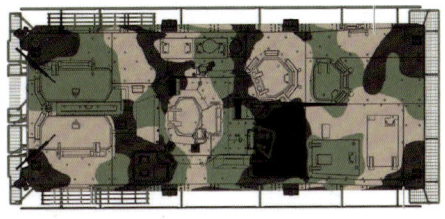

VBCI步兵战车结构图

攻击能力

VBCI步兵战车的主要武器为1门25毫米机关炮，辅助武器为1挺7.62毫米同轴机枪。炮长拥有1具观察与射击用瞄准镜，能够在昼夜在各种气候条件下进行观察和瞄准。瞄准镜将双直瞄视场与昼用摄像仪、夜用热像仪和激光测距仪结合在一起。VBCI步兵战车底盘的设计使其可安装多种其他武器系统，包括1门120毫米低后坐力滑膛炮。

防护能力

VBCI步兵战车的车体采用高强度铝合金制成,带有防弹片层,并装有钢附加装甲,提供了良好的防护能力。该车安装有光学激光防护系统,车底有防地雷模块,并且还装有GALIX自动防护系统。如果某个车轮被地雷摧毁,车辆能使用剩余的七个车轮驱动。VBCI步兵战车的雷达信号和热信号特征也得到改善,车上还可装备红外诱饵系统。

法军士兵从VBCI步兵战车的车尾跳板式车门下车

机动能力

VBCI步兵战车的动力装置为雷诺公司的直列6缸涡轮增压柴油发动机,最大功率为410千瓦。传动装置为全自动变速箱,带有4个中央差速器。转向机构为动力辅助转向,最小转向半径:正常值为11米,制动转向时最小可达8.6米。VBCI步兵战车的越墙高度为0.7米,有准备时的涉水深度为1.5米,最大爬坡度为31度。VBCI步兵战车可由A400M运输机运送,具有一定的战略机动性。

Chapter 2　装甲战斗车辆

十秒速识

VBCI步兵战车的车体前上装甲倾斜明显，驾驶员舱门在左侧，水平车顶延伸至车尾，竖直的车尾微微向内倾斜。车体两侧各有4个大型负重轮，车体侧面上部略内倾。车尾有宽大的跳板式尾门，尾门上还有一个向右开启的小门。

VBCI 步兵战车侧前方视角

德国"黄鼠狼"步兵战车

"黄鼠狼"(Marder)步兵战车是德国在二战后研制的步兵战车,1969年4月开始批量生产,于1971年进入德国陆军服役。

研发历史

1960年1月,德国与两大集团签订了设计与制造履带式步兵战车的合同。这两大集团是:由莱茵金属·哈诺玛格公司、鲁尔钢铁公司、威顿-安南公司和布诺·沃内格公司等企业组成的莱茵金属集团,由亨舍尔工厂与瑞士莫瓦格两家公司组成的另一集团。第一批制造出样车7辆,1961—1963年又制造出第二批样车8辆。后来由于优先发展反坦克炮和多管火箭炮,该车的研制工作曾一度停顿。

1966年,研制工作恢复,军方提出设计要求。1967年,根据这些要求,开始第三批和最后一批样车的制造,共计10辆。1964年,亨舍尔工厂被莱茵金属集团兼并,从此,研制工作大部分由莱茵金属集团完成。1969

基本参数	
全长	6.79 米
全宽	3.24 米
全高	2.98 米
重量	33.5 吨
最大速度	75 千米/时
最大行程	520 千米

年4月，新型步兵战车正式批量生产，同年5月命名为"黄鼠狼"步兵战车。截至2017年7月，该车仍在役。

车体构造

"黄鼠狼"步兵战车的车身前方左侧为驾驶舱，驾驶员配备3具潜望镜，中间1具可换成被动式夜间驾驶仪。动力舱在驾驶员右侧。载员舱在车体后部，可装载6名步兵，分为两排，每排3人，背靠背坐。人员通过车体后部的跳板出入。载员舱的两侧各有2个球形射孔，顶部两侧各有1个顶窗和3个潜望镜。射孔与潜望镜配合，可使步兵从车内安全射击。

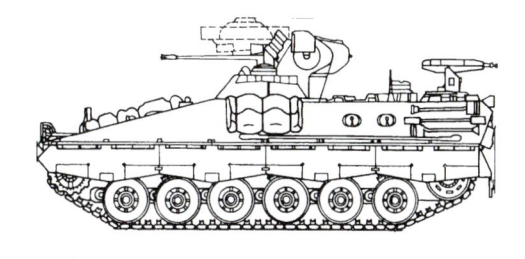

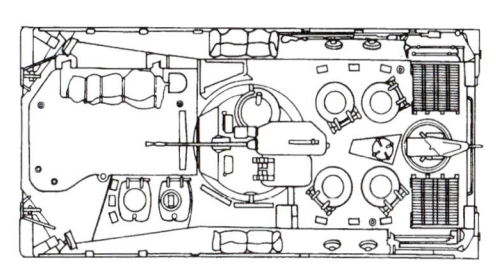

"黄鼠狼"步兵战车结构图

攻击能力

"黄鼠狼"步兵战车的车身中央为一个双人炮塔,右侧为车长而左侧为炮手,其武器为1门20毫米Rh202机炮和1挺MG3同轴机枪,必要时可加上"米兰"反坦克导弹发射器和5枚"米兰"反坦克导弹。由于采用了遥控射击方式,炮长和车长可以不坐在炮塔里,这样炮塔便可以做得很小,减少了中弹的概率,这是"黄鼠狼"步兵战车的一大优点。

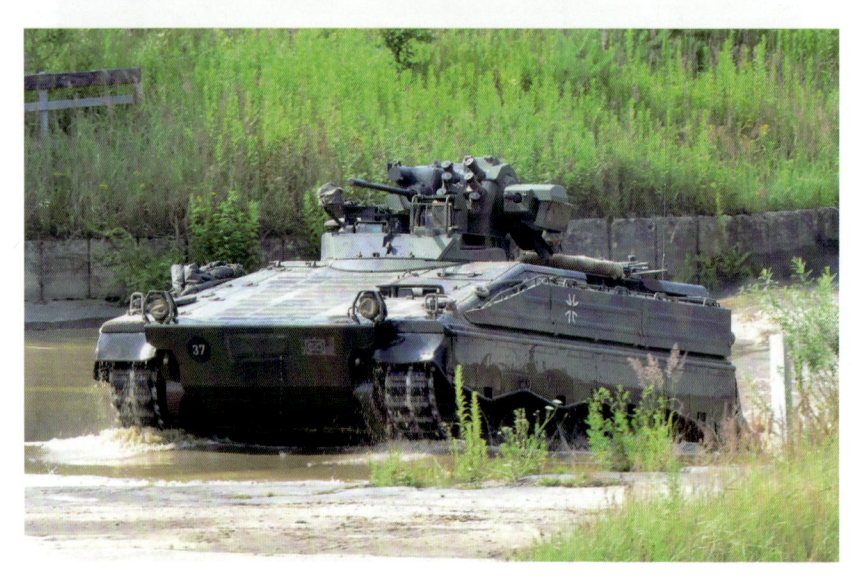

"黄鼠狼"步兵战车涉水行驶

防护能力

"黄鼠狼"步兵战车的车体为钢装甲全焊接结构,车内采用了隔舱化布置。由于"黄鼠狼"步兵战车要与"豹"式主战坦克协同作战,因此采用了与轻型坦克相同的装甲。车体前上部装甲厚30毫米,可抵御20毫米机关炮的攻击。其他部位可抵御轻武器和炮弹破片的攻击。车体两侧有侧裙板。车内有集体式三防装置,超压为30毫米水柱。另有自动灭火装置,可两次使用,第一次为自动灭火,第二次为手动灭火。

Chapter 2　装甲战斗车辆

用树枝伪装后的"黄鼠狼"步兵战车

机动能力

"黄鼠狼"步兵战车的动力装置为1台MTU MB 833水冷柴油发动机，最大功率为441千瓦，与之匹配的是伦克公司的HSWL-194型4速变速箱与无级液压转向装置。行动部分采用扭杆悬挂，有6对负重轮和3对托带轮。主动轮在前，诱导轮居后，第一、二、五、六负重轮处装有液压减震器。"黄鼠狼"步兵战车的涉水深度为1.5米，如借助辅助装置可达2.5米。

十秒速识

"黄鼠狼"步兵战车的车体高大，前上部装甲倾斜明显，车顶前部有双人炮塔。车尾有尺寸较大的车门。

"黄鼠狼"步兵战车的车尾跳板式车门

"黄鼠狼"步兵战车侧前方视角

德国"美洲狮"步兵战车

"美洲狮"(Puma)步兵战车是德国研制的一款新型步兵战车,用于取代老式的"黄鼠狼"步兵战车。

基本参数	
全长	7.33 米
全宽	3.43 米
全高	3.05 米
重量	31 吨
最大速度	70 千米/时
最大行程	650 千米

研发历史

21世纪初,为了弥补"黄鼠狼"步兵战车在火力、防护力和机动性等方面的不足,德国开始研制新一代步兵战车,即"美洲狮"步兵战车。该计划由负责国防技术和采办的德国联邦办公室于2002年9月授予,研制工作由克劳斯-玛菲·威格曼公司和莱茵金属集团负责,各承担50%的工作量。2009年7月,"美洲狮"步兵战车开始批量生产。

"美洲狮"步兵战车在草地上行驶

车体构造

"美洲狮"步兵战车采用传统的布局方式,前方左侧为驾驶舱,前方右侧为动力装置,中间是并排而坐的车长(右)和炮长(左)。车内的布局充分应用了人机环境工程学技术,确保每位乘员具有充裕的独立空间,也为乘员之间的相互通话创造了条件。载员舱可乘坐6名全副武装的步兵,其中4名位于车体内中后部右侧,他们头顶有可出入的长方形舱盖,另外2名位于车体后部左侧。

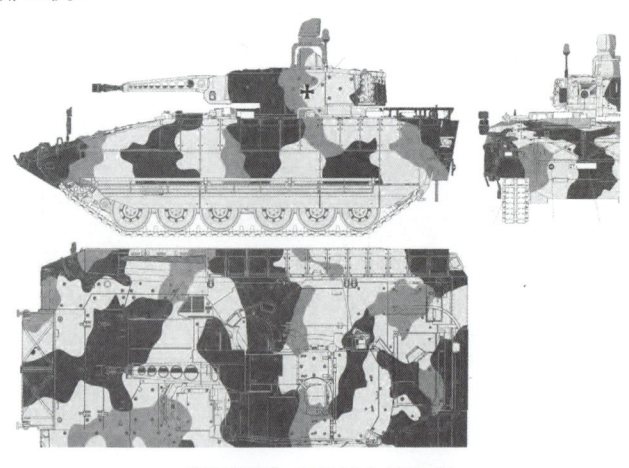

"美洲狮"步兵战车结构图

Chapter 2　装甲战斗车辆

攻击能力

"美洲狮"步兵战车的主要武器为1门30毫米Mk 30-2/ABM机关炮,由莱茵金属集团毛瑟分公司专门研制,具有极高的安全性和命中概率,即使在高速越野的情况下仍然具有很高的射击精度。该炮采用双路供弹,可发射的弹药主要有尾翼稳定曳光脱壳穿甲弹和空爆弹,通常备弹200发。空爆弹的打击范围很广,包括步兵战车及其伴随步兵、反坦克导弹隐蔽发射点、直升机和主战坦克上的光学系统等。

"美洲狮"步兵战车正前方视角

防护能力

"美洲狮"步兵战车可根据需要选择三种级别的防护。在紧急部署到前线以后,可通过安装大型的附加模块装甲来提高防护能力,比在现场一片一片地固定爆炸反应装甲更为便捷。最高级别的C级防护时,车体和炮塔部位安装有高性能附加装甲模块,可以抵御反坦克导弹和大威力地雷的攻击。"美洲狮"步兵战车的防护手段还包括德尔格安全设备公司研制的三防系统、凯德-杜格拉公司研制的自动灭火抑爆系统等。

炮塔旋转后的"美洲狮"步兵战车

机动能力

"美洲狮"步兵战车采用一台MTU V10 892柴油发动机,最大功率为809千瓦,具有功率大、结构紧凑、重量轻、可靠性高等特点。与发动机匹配的是伦克公司专门研制的HSWL 256自动传动装置,由1个带闭锁离合器的电液传动控制变矩器、1个转向机构和1个6挡变速箱组成。"美洲狮"步兵战车的机动能力与"豹2"主战坦克相当,从而保证了两者能协同作战。

车高速行驶的"美洲狮"步兵战车

Chapter 2　装甲战斗车辆

十秒速识

"美洲狮"步兵战车的车体前上装甲和前下装甲均为略带弧形的大倾斜平面,有良好的避弹外形。驾驶舱的舱盖为方形,向左侧水平滑动开启。右侧车体布置有三角形的排气百叶窗。

"美洲狮"步兵战车侧前方视角

德国"拳师犬"装甲运兵车

"拳师犬"（Boxer）装甲运兵车是德国克劳斯-玛菲·威格曼公司设计并制造的一款轮式装甲运兵车，2008年开始服役。

研发历史

基本参数	
全长	7.88 米
全宽	2.99 米
全高	2.37 米
重量	25.2 吨
最大速度	103 千米/时
最大行程	1100 千米

早在1990年2月，德国就提出了一种新型多用途轮式装甲车的战术概念。由于经费不足，德国寻求与其他国家合作研制，共担风险。最初并没有其他国家响应，德国只好自己先投入研制工作。直到1999年11月和2001年2月，英国和荷兰才相继加入德国的联合研制计划，但各国对联合研制计划的命名却各有不同。

2002年12月，位于德国慕尼黑的克劳斯-玛菲·威格曼公司制造出第一辆原型车。欧洲武器联合采购组织为这种新型轮式装甲车起了德国、英国和荷兰都同意的名字——"拳师犬"装甲运兵车。之后，英国退出了这一研制计划。2008年，"拳师犬"装甲运兵车正式服役。除装备德国和荷兰军队外，立陶宛也有进口。

"拳师犬"装甲运兵车侧面视角

Chapter 2　装甲战斗车辆

车体构造

"拳师犬"装甲运兵车最突出的特点是不变的车体与模块化设计的结合。车体使用高硬度装甲焊接，模块化设计包括驾驶模组和任务模组两大部分。它保持车体不变，后车厢则被分成一组一组的模块。通过调整模块，可将原来的装甲运兵车变成装甲救护车、后勤补给车或装甲指挥车等，而更换后车厢模块仅用1小时就能完成。

"拳师犬"装甲运兵车有3名车组人员，最多可运载8名士兵，其车体设计非常强调乘坐舒适性，使乘员能在艰苦的作战环境下长时间坚持作战。车内的有效容积达14立方米，提供了宽敞、舒适的车内生活和战斗环境。每个乘员座椅都配有安全带。液压控制的跳板式后部车门，使乘员能迅速上下车。

攻击能力

得益于模块化设计，"拳师犬"装甲运兵车可以安装多种不同类型的武器，包括12.7毫米机枪、7.62毫米机枪、20毫米机关炮、25毫米机关炮、30毫米机关炮、105毫米突击炮、120毫米迫击炮等。

防护能力

"拳师犬"装甲运兵车采用钢和陶瓷组成的模块化装甲,由螺栓加以固定。这种模块化装甲在顶部可抵御攻顶式导弹,在底盘可抵御地雷破坏。"拳师犬"装甲运兵车的外形光滑,结构平整,有助于降低雷达信号强度,车上还有减少红外特征的措施。全密封的装甲结构,既为乘员提供了包括三防在内的全面防护,也便于安装大功率空调系统,适于在炎热地区长期作战。优化设计的悬挂装置和减震系统,大大降低了车内噪声。

"拳师犬"装甲运兵车侧后方视角

Chapter 2　装甲战斗车辆

机动能力

"拳师犬"装甲运兵车的动力装置为1台MTU 8V199 TE20柴油发动机，最大功率为530千瓦。动力强劲的发动机搭配精密的艾里逊自动变速箱和先进轮胎，并有两种悬挂和行走装置模块可供选择，使"拳击手"装甲运兵车拥有较强的战术机动能力。由于车身较重，"拳师犬"装甲运兵车存在战略机动性受限的不足。

高速行驶的"拳师犬"装甲运兵车

十秒速识

"拳师犬"装甲运兵车的车体正面下方明显地向第一个轮胎位置倾斜，车体正面倾斜明显，水平车顶从第一个轮胎的上方向后延伸至车尾，车尾微微内倾，有大型斜坡。车体两侧各有4个大型负重轮，第二个和第三个车轮的间隔较宽，竖直车体侧面从车轮上方开始略微内倾。

"拳师犬"装甲运兵车侧前方视角

95

意大利"达多"步兵战车

"达多"（Dardo）步兵战车是意大利于20世纪90年代设计并制造的一款步兵战车，于1998年开始服役。

研发历史

20世纪80年代初，意大利提出了雄心勃勃的陆军主战装备发展计划，宣称要在20世纪90年代为意大利陆军换装世界最先进的坦克和装甲车辆。这个发展计划共包括4种车型，分别是VCC-80步兵战车、C1"公羊"主战坦克、B1"半人马座"坦克歼击车和"美洲狮"多用途轻型车辆。其中，VCC-80计划提出最早，却最晚完成，而且发展过程也颇为坎坷，最终完成的也并非是原来设计的VCC-80，而是经过修改后的"达多"步兵战车。1998年，"达多"步兵战车正式服役。截至2017年7月，该车仍然在役。

基本参数	
全长	6.7 米
全宽	3 米
全高	2.64 米
重量	23.4 吨
最大速度	70 千米/时
最大行程	600 千米

Chapter 2 装甲战斗车辆

"达多"步兵战车编队

车体构造

与大多数履带式步兵战车一样,"达多"步兵战车也采取动力、传动装置前置方案,其前部右侧为发动机舱,左侧为驾驶舱。动力舱的进出气百叶窗均在车体顶部,排气管则在车体右侧。"达多"步兵战车在设计时充分考虑了驾驶员开窗驾驶时的视野,要求左右两侧均无遮挡,视野开阔,而同类步兵战车驾驶员一侧的视野几乎全部被发动机舱盖挡住。

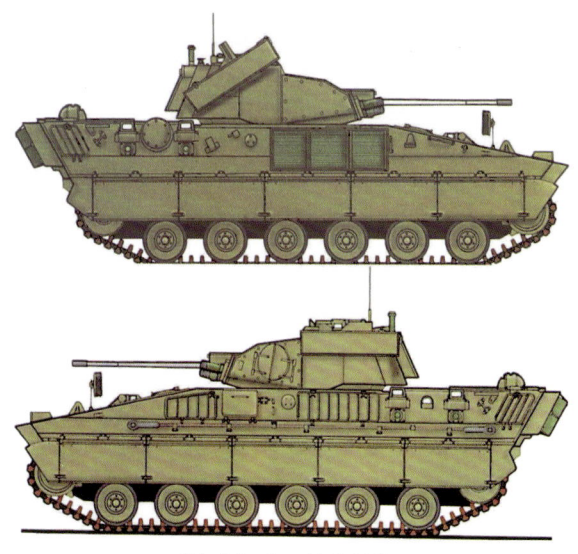

"达多"步兵战车结构图

攻击能力

"达多"步兵战车的主要武器是1门25毫米KBA-BO2型机关炮,采用双向供弹,可发射脱壳穿甲弹和榴弹,弹药基数为400发。该炮的俯仰角度为-10至+60度,战斗射速为600发/分。主炮旁边是1挺7.62毫米MG42/59并列机枪,弹药基数为1200发。

防护能力

"达多"步兵战车的车体及炮塔由铝合金装甲板焊接而成,同时在车体前部及两侧采用了高硬度钢装甲板,并用螺栓紧固,钢装甲板的厚度根据安装位置和铝合金装甲板倾斜度而有所不同。

"达多"步兵战车正后方视角

机动能力

"达多"步兵战车的动力装置为依维柯·菲亚特公司的MTCA涡轮增压柴油发动机,最大功率为382千瓦。传动装置为德国采埃孚集团的LSG1500全自动变速箱,有4个前进挡,2个倒退挡。这种变速箱与采埃孚集团最新研制的LSG2000变速箱有80%的零部件互换性,这使其升级改造非常容易。车体两侧各有6个负重轮,主动轮前置,诱导轮后置,有3个托带轮,行动装置上部有裙板。

高速行驶的"达多"步兵战车

十秒速识

"达多"步兵战车的车体前上装甲倾斜明显,驾驶员舱盖位于左侧上部。车顶水平,炮塔居中。车体侧面履带上方向内倾斜,车体右侧前部有较大的水平状散热窗,载员舱两侧各有2个球形射孔,射孔上方有观察窗,车后倾斜,有一个整体的电动跳板。

"达多"步兵战车前方视角

以色列"阿奇扎里特"装甲运兵车

Chapter 2　装甲战斗车辆

"阿奇扎里特"（Achzarit）装甲运兵车是以色列于20世纪80年代研制的一款重型装甲运兵车，主要用于人员输送。

基本参数	
全长	6.2 米
全宽	3.6 米
全高	2 米
重量	44 吨
最大速度	65 千米/时
最大行程	600 千米

研发历史

在1967年和1973年的战争中，以色列缴获了数百辆苏联生产的T-54/T-55主战坦克，其中许多是阿拉伯军队遗弃的完好的坦克。1988年，以色列国防军将这些T-54/T-55坦克加以改装，成为重型装甲运兵车，并将其命名为"阿奇扎里特"装甲运兵车，希伯来语意指女杀手。

"阿奇扎里特"装甲运兵车前方视角

车体构造

"阿奇扎里特"装甲运兵车是以苏联T-54/T-55坦克改装而成，拆除了原有的坦克炮塔，加高了车体，车顶安装了5个舱口和顶置武器平台，发动机仍然后置，只是在右侧增加了蚌壳结构的后门，人员可以从车后下车，但是通道狭窄，只容许一人通过。该车有3名车组人员，可运载8名士兵。

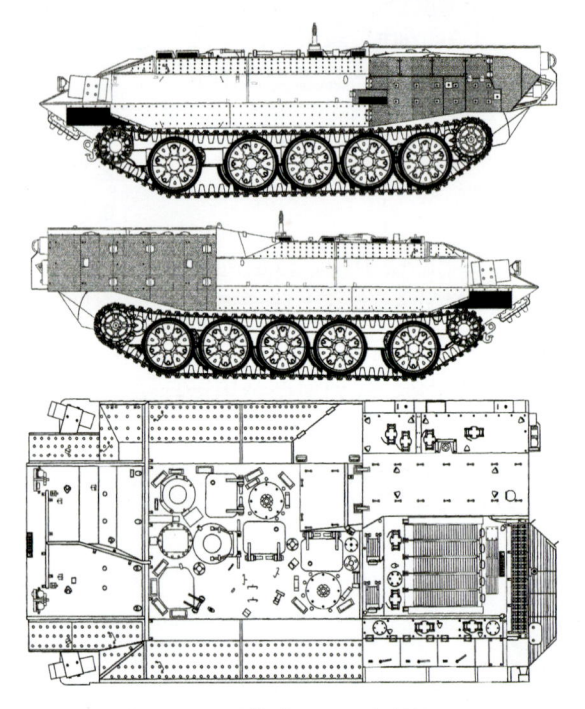

"阿奇扎里特"装甲运兵车结构图

攻击能力

"阿奇扎里特"装甲运兵车的车顶最多可安装4挺7.62毫米MAG通用机枪和1门60毫米迫击炮,安装在顶置武器平台的1挺机枪可以从车内通过潜望镜遥控射击,并有微光夜视仪,可以在夜间作战,必要时还可以安装迫击炮、自动榴弹发射器、大口径机枪等武器。

防护能力

"阿奇扎里特"装甲运兵车采用了复合装甲,并加强了前装甲,抗动能弹时相当于200毫米均质钢,抗破甲弹能力更好。车体两侧用TOGA装甲板加强,并有很大的间隔,防护足以抵挡M72、RPG-7等轻型反坦克火箭的攻击。

Chapter 2　装甲战斗车辆

"阿奇扎里特"装甲运兵车及其运载的人员

"阿奇扎里特"装甲运兵车后方视角

机动能力

"阿奇扎里特"装甲运兵车Mk 1型将原有的苏制水冷柴油发动机改为功率更高的478千瓦柴油发动机，Mk 2型又换装为625千瓦柴油发动机。

"阿奇扎里特"装甲运兵车在平原地区行驶

十秒速识

"阿奇扎里特"装甲运兵车的车体前上部装甲倾斜明显,车体两侧基本竖直,车尾右侧开有蚌壳结构的车门。

"阿奇扎里特"装甲运兵车侧前方视角

瑞典 CV-90 步兵战车

CV-90步兵战车是瑞典于20世纪80年代研制的一款装甲战斗车辆，此后又在此基础上发展了多种变型车，形成CV-90履带式装甲车族。

研发历史

1978年，瑞典决定研制一种供军方使用的CV-90战车，并在此基础上发展自行高炮、装甲运兵车、装甲指挥车、装甲观察指挥车、自行迫击炮和装甲抢救车等变型车，形成CV-90履带式装甲车族。当时提出的要求是战斗全重不超过20吨，具有良好的战术机动性，适合在瑞典北部严寒、深雪、薄冰和沼泽地带作战；能较好地对付装甲目标；具有防空能力等。1985年7月，瑞典军方与乌特维克林公司正式签订了设计和制造5辆样车的合同。1993年，CV-90步兵战车正式服役。截至2017年7月，该车仍然在役。

基本参数	
全长	6.8 米
全宽	3.2 米
全高	2.8 米
重量	26 吨
最大速度	70 千米/时
最大行程	300 千米

CV-90 步兵战车编队

车体构造

CV-90系列装甲车都采用相同的配置，驾驶舱位于车体左前方，驾驶员的前面有3个潜望镜，中间的1个可换成被动式夜间驾驶仪。动力舱在右前方，中间为双人炮塔，载员舱在尾部。为了增大内部空间，大多数出口型车辆尾部载员舱的车顶都设计得稍高。如有需要，该系列装甲车的总体布置可根据用户要求定制。CV-90步兵战车有3名车组人员，载员舱可容纳8名步兵，两侧各坐4人。

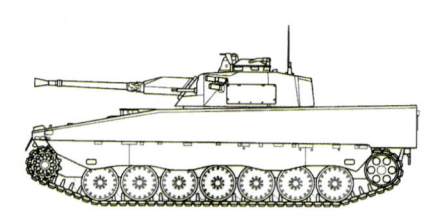

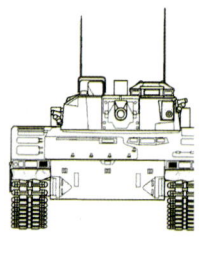

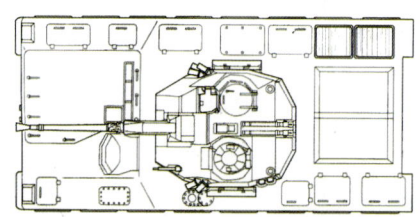

CV-90 步兵战车结构图

Chapter 2　装甲战斗车辆

▶ 攻击能力

　　CV-90步兵战车的主要武器通常是1门40毫米博福斯机关炮，弹药基数为240发，可单发、点射或连发。配用的弹种有对付飞机和直升机的近炸引信预制破片榴弹，对付地面目标的榴弹和穿甲弹等。CV-90步兵战车的辅助武器为1挺7.62毫米M1919型机枪和6台76毫米榴弹发射器。

CV-90 步兵战车侧面视角

▶ 防护能力

　　CV-90步兵战车的车体采用钢装甲结构，有附加装甲和"凯夫拉"衬层。车体前部能抵御30毫米炮弹，车体底部能防地雷。

炮塔旋转后的 CV-90 步兵战车

机动能力

CV-90步兵战车的动力装置为斯堪尼亚DC16柴油发动机,最大功率为595千瓦。行动部分采用扭杆悬挂,有7对负重轮,主动轮在前,诱导轮在后,没有托带轮。该车具有良好的战术机动性,适合在瑞典北部严寒、深雪、薄冰和沼泽地带作战。CV-90步兵战车还具有一定的战略机动性,能用铁路和民用平板卡车运输。

CV-90步兵战车在丛林中行驶

十秒速识

CV-90步兵战车的车体前上部装甲倾斜明显,炮塔位于车体中央偏左。车体侧面和后面竖直,车尾有一个较大的车门。车体两侧各有7个紧密排列的负重轮,悬挂装置上部有波浪状裙板。

CV-90步兵战车侧前方视角

瑞士"食人鱼"装甲车

"食人鱼"(Piranha)装甲车是瑞士莫瓦格公司设计制造的一款轮式装甲车,根据车轮数量有4×4、6×6、8×8、10×10等多种版本,是欧美国家广泛使用的装甲车。

基本参数	
全长	4.6 米
全宽	2.3 米
全高	1.9 米
重量	3 吨
最大速度	100 千米/时
最大行程	780 千米

研发历史

20世纪70年代初期,莫瓦格公司就以自筹资金的方式开始研制"食人鱼"装甲车。1972年生产出第一辆样车,为6×6车型。1976年,莫瓦格公司开始为加纳、利比里亚、尼日利亚和塞拉利昂生产4×4、6×6、8×8车型。1977年,加拿大武装部队在经过充分对比后,选择了"食人鱼"装甲车,签署了350辆6×6车型的订单。不久,又增加到491辆。此后,美国、瑞士、沙特阿拉伯、智利、澳大利亚、阿曼苏丹、丹麦、以色列、瑞典、新西兰、卡塔尔等国家也相继订购了"食人鱼"

装甲车。时至今日,"食人鱼"装甲车已经从Ⅰ型发展到Ⅴ型。

早期的"食人鱼"装甲车(6×6车型)

车体构造

"食人鱼"装甲车的车体前部左侧为驾驶舱,动力舱在驾驶员的右侧,中部是战斗舱,后部是载员舱。载员可通过车体后部的两扇车门上下车。载员舱的顶部一般还有两扇向外开启的舱门。载员舱的两侧有供载员乘车射击的球形射击孔,并配有观察潜望镜。

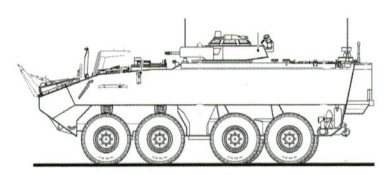

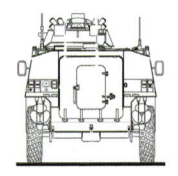

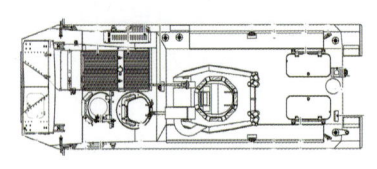

"食人鱼"装甲车结构图

Chapter 2　装甲战斗车辆

攻击能力

"食人鱼"装甲车可以搭载的武器种类较多，如10×10版本的主要武器是1门105毫米线膛炮，炮塔可旋转360度。发射尾翼稳定的脱壳穿甲弹初速达1495米/秒，具有反坦克能力。辅助武器是1挺7.62毫米并列机枪。车上携炮弹38发，枪弹2000发。

"食人鱼"装甲车（8×8车型）在海滩上行驶

防护能力

"食人鱼"装甲车的早期型号采用均质装甲，后期型号改为全焊接高硬度装甲，必要时可加装附加装甲或"凯夫拉"装甲。该车的正面能抵御30毫米装甲弹的攻击，其他部位也能在500米距离上抵御重机枪子弹的攻击。车体底部采取了防地雷措施，有防雷冲击波偏转板。该车有三防装置，在设计上也考虑到抑制雷达信号和热信号。

机动能力

"食人鱼"装甲车的动力装置为1台底特律6V53TA柴油发动机，最大功率为202千瓦。驾驶员可利用中央轮胎压力调节系统，依据车辆路面行驶状况调节轮胎压力。车内有预警信号装置，当车辆行驶速度超过所选择轮胎压力极限时，预警信号装置便会发出报警信号。"食人鱼"装甲车有涉渡2

米深水域的能力。涉水时，除了用车轮滑水外，也用螺旋桨推进器，可达到10千米/时的最大航速。"食人鱼"装甲车可使用C-130运输机空运。

"食人鱼"装甲车（8×8车型）前方视角

"食人鱼"装甲车（8×8车型）攀爬陡坡

Chapter 2　装甲战斗车辆

十秒速识

"食人鱼"装甲车的车体前部较尖，前上部装甲倾斜明显，车顶水平，车尾有向外开启的舱门。

"食人鱼"装甲车（8×8 车型）参加阅兵仪式

日本 89 式步兵战车

89式步兵战车是日本于20世纪80年代研制的一款履带式步兵战车，于1984年开始服役，目前仍然是日本陆上自卫队的主要装备。

基本参数	
全长	6.7 米
全宽	3.2 米
全高	2.5 米
重量	26 吨
最大速度	70 千米/时
最大行程	400 千米

研发历史

20世纪70年代，许多国家都加快了步兵战车的研制和装备速度，美国M2A2"布雷德利"步兵战车、德国"黄鼠狼"步兵战车等均在此列。1984年，日本也投入6亿日元用于发展新型履带式步兵战车。经过样车试验阶段，新型步兵战车定名为89式步兵战车。1989年，日本陆上自卫队开始采购89式步兵战车，因为价格昂贵没有能够大规模生产，截至2017年也没有超过150辆。

89式步兵战车侧面视角

车体构造

89式步兵战车采用传统布局，车体前部左侧为动力舱，右侧为驾驶舱，炮塔位于车体中部，车体后部为载员舱。炮塔由带倾斜设计的装甲板构成，形状复杂。载员舱可容纳6名士兵，共有6部潜望镜供士兵使用，保证了士兵的外部视场（指望远镜或双筒望远镜所能看到的天空范围）。载员舱上面有向左右两侧开启的舱盖，士兵可探身车外进行压制周围火力的战斗,但是这样会妨碍大型炮塔的转动。因此在载员舱内部设置了射击孔,士兵通过这些射击孔可进行较广范围的射击。

89 式步兵战车结构图

攻击能力

　　89式步兵战车的主要武器是瑞士厄利空公司生产的35毫米KDE机关炮,由瑞士直接提供技术、在日本按许可证自行生产。该炮与87式自行高炮及L90牵引式高射机关炮上使用的35毫米KDA机关炮属于同一系列,在降低重量的同时,射速也降低到200发/分,身管为90倍口径,重量51千克,不仅可以对地面目标射击,还可对空射击,但是由于没有配备有效的瞄准装置,仅限于自卫作战。在机关炮的左侧安装了1挺74式7.62毫米并列机枪,最大射速为1000发/分。

89 式步兵战车开火

防护能力

89式步兵战车的车体、炮塔由装甲板焊接而成，能够抵御轻武器以及炮弹弹片攻击。为了对付空心装药破甲弹，车体前部和炮塔采用了间隔装甲，车体侧面装有用普通材料制成的很薄的侧裙板，侧裙板前后开有4个蹬脚口，方便成员上下。车体外形采用倾斜式设计以产生更好的防弹效果，前部上装甲的斜面非常低而平滑，前部下装甲的倾斜角度较小。

89式步兵战车侧后方视角

机动能力

89式步兵战车的动力装置为1台三菱SY31WA水冷柴油发动机，带有中冷器和涡轮增压器，最大功率为441千瓦。传动装置为带变矩器的变速箱，有4个前进挡和2个倒退挡。行动装置包括每侧6个负重轮、扭杆式独立悬挂装置。主动轮在前，诱导轮在后，另外还有3个托带轮。为协同90式坦克作战，89式步兵战车具有时速70千米以上的机动力，不过由于主要用作国内防御，因此不具备浮渡能力。

Chapter 2　装甲战斗车辆

高速行驶的 89 式步兵战车

十秒速识

　　89式步兵战车的前部车顶中央设置了用于动力传动装置的检查窗，左侧有冷却空气进气口。左右挡泥板上安装有前大灯，包括方向指示器、白炽灯和红外线灯。车体前部左侧有百叶窗式发动机排气口，在相邻位置有进气口。载员舱尾部设有两扇大型车门，左右两侧有带百叶窗的小箱是核生化过滤器等的换气装置，尾部左右装有尾灯。

日本 96 式装甲运兵车

96式装甲运兵车是日本于20世纪90年代设计并制造的一款轮式装甲运兵车，于1996年开始服役。

基本参数	
全长	6.84 米
全宽	2.48 米
全高	1.85 米
重量	14.6 吨
最大速度	100 千米/时
最大行程	500 千米

研发历史

作为60式装甲运兵车和73式装甲运兵车的后继车种，96式装甲运兵车于1992年由小松制作所开始研发，1996年设计定型，同年开始批量生产并装备部队。截至2017年7月，96式装甲运兵车共生产了将近400辆。

Chapter 2　装甲战斗车辆

96式装甲运兵车前方视角

车体构造

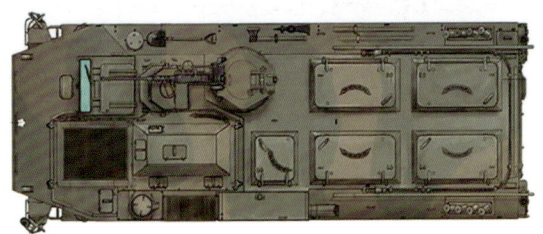

96式装甲运兵车的车体前方右侧位置为驾驶席，驾驶席的上方装有弹出式舱门，舱门上安装了3部潜望镜。驾驶席左侧为动力舱，装有水冷式柴油发动机。驾驶席后方设置了车长席，并设有车长指挥塔。车体后部为载员舱，可以搭乘8名士兵，分为两排面对面乘坐，座椅是每两个座位为一组。由于车内空间宽敞，最多时可以搭乘10名士兵。载员舱的最前部、动力舱的左侧正后方设有步兵班长席，为了便于观察，其左侧设有安装防弹玻璃的小窗口。

96式装甲运兵车结构图

119

攻击能力

96式装甲运兵车的主要武器根据用途的不同，可以是96式40毫米自动榴弹发射器，也可以是M2型12.7毫米重机枪。96式自动榴弹发射器是由丰和工业公司为96式装甲运兵车开发的，发射速率为每分钟250～350发，并可以进行单发与连发射击的切换，由弹链供弹。40毫米榴弹能够穿透50毫米厚的钢装甲板和100毫米厚的轻金属装甲板以及180毫米厚的钢筋混凝土。由于不需要精确射击，所以使用的瞄准具并不是高级的光学瞄准具。

96式装甲运兵车侧前方视角

防护能力

96式装甲运兵车的车体为全焊接钢装甲结构，车体正面装甲厚12毫米，侧面装甲厚8毫米，仅具备防御炮弹破片和7.62毫米机枪子弹射击的能力。驾驶席和车长席左侧有灭火器，可从车外启动。

Chapter 2　装甲战斗车辆

机动能力

　　96式装甲运兵车的动力装置为1台三菱直列6缸水冷涡轮增压柴油发动机，最大功率为265千瓦。该车的驱动形式为8×8，前四轮为转向轮。轮胎为径向式小型轮胎，优点是能够紧密地接触松软的地面，在低速越野行驶时，通过中央轮胎压力调节系统，可以调低轮胎的压力，以此增大轮胎的接地面积，减小车辆的单位压力，提高车辆的通过能力。

96式装甲运兵车侧后方视角

十秒速识

96式装甲运兵车的车体前上部装甲倾斜明显,车体每侧有4个负重轮。车体后部有一扇可向下打开的车门,车门打开后,可用作士兵上下车的跳板。车门上还有一个向右开启的小门。

96式装甲运兵车侧面视角

Chapter 3
两栖车辆

两栖车辆是不用舟桥、渡船等辅助设备便能自行通过江河湖海等水障,并在水上进行航行和射击的装甲战斗车辆。

美国 AAV-7A1 两栖装甲车

AAV-7A1两栖装甲车是美国海军陆战队于20世纪70年代初开始装备的两栖装甲车,原名LVT-7。该车主要有三种衍生型,即AAVP-7A1(人员运输车)、AAVC-7C1(指挥车)和AAVR-7R1(救援车)。

基本参数	
全长	7.94 米
全宽	3.27 米
全高	3.26 米
重量	22.8 吨
最大速度	72 千米/时
最大行程	480 千米

研发历史

LVT-7开发案自1964年开始,由食品机械化学公司得标,在1966年正式开发,1969年制造出测试用车。经过测试后于1972年开始进入美国海军陆战队服役,逐步替换当时使用中的LVT-5登陆车。LVT-7仅有1座装有M85重机枪的炮塔,同时缺乏核生化防护设备,因此生产到1974年便停产。

1982年,食品机械化学公司与美国海军陆战队签订LVT-7服役寿命延长计划的合约,主要项目包括更换改良型的发动机、传动系统与武器系统,以及提升车辆的整体可靠性。在翻新时美军也更改了装备代号,1985年起更名为AAV-7A1。此后,该车又陆续经过了数次改进,预计将服役到2030年。

AAV-7A1两栖装甲车进行登陆训练

车体构造

AAVP-7A1人员运输车是最主要的车型,有3名车组人员(车长、驾驶员和炮手),拥有运载25名全副武装的海军陆战队员的能力。驾驶员和车长一前一后位于车前左侧,各有1个单扇后开舱盖和7个观察镜,可以进行360度观察。驾驶员配有M24红外夜视潜望镜,车长前方有1个可升高的M17C潜望镜,以便越过驾驶员舱盖观察前方。AAVC-7C1指挥车没有炮塔,内部运兵空间改装为通信设备,故无运兵功能,除了3名车组人员外,车内还有5名无线电操作手、3名工作人员、2名指挥官。

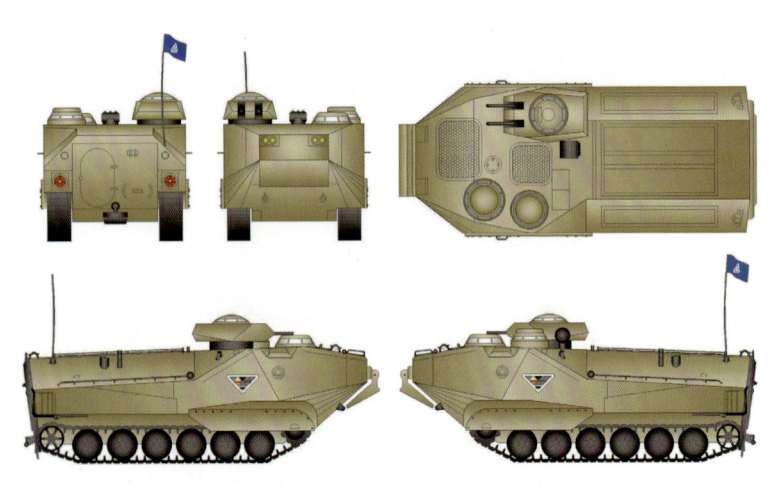

AAV-7A1 两栖装甲车结构图

攻击能力

AAVP-7A1人员运输车的主要武器是1台40毫米Mk 19自动榴弹发射器，辅助武器是1挺12.7毫米M2HB重机枪。此外，还能安装Mk 154地雷清除套件，可以发射3条内含炸药的导爆索，以清除沙滩上可能埋藏的地雷或其他障碍物。

AAV-7A1 两栖装甲车编队行驶

Chapter 3 两栖车辆

防护能力

相比于M2"布雷德利"步兵战车，AAV-7A1系列装甲车的主要缺点是防护能力较弱，没有三防装置。该车的车体为铝合金装甲板整体焊接式全密封结构。该车仅能防御轻武器、弹片和光辐射烧伤。

AAV-7A1两栖装甲车侧后方视角

机动能力

AAV-7A1人员运输车是美国海军陆战队的主要两栖兵力运输工具，可从两栖登陆舰艇上运输登陆部队及其装备上岸。上岸后，可作为装甲运兵车使用，为部队提供战场火力支援。该车的车体外形呈流线型，能克服3米高的海浪并能整车浸没入波浪中10～15秒。浮渡时

AAV-7A1两栖装甲车在海滩上行驶

由2个装在车体后部两侧的喷水推进器驱动,水中最大前进速度为12.9千米/时,倒行速度为3.1千米/时。

十秒速识

AAV-7A1人员运输车的全封闭炮塔安装在车前右侧,车体每侧有6个负重轮。车尾有电动跳板式大门,其左侧开有应急门,还装有1个观察镜。载员舱顶部甲板上设有3个出入舱口。

AAV-7A1 两栖装甲车在山区作战

美国 LVTP-5 两栖装甲车

LVTP-5两栖装甲车是美国海军陆战队在20世纪50年代至70年代使用的两栖履带装甲车。该车有多种型号,包括地雷清扫车、指挥车、救援拖吊

Chapter 3　两栖车辆

车和火力支援车等,最常见的是装甲运兵车。

研发历史

根据美国海军陆战队的要求,1950年12月英格索尔公司与海军船务局签订合同,研制新一代的两栖装甲车。1951年1月开始研制工作,第一辆样车代号为LVTP-X1,同年8月完成。LVTP-5两栖装甲车于1952年开始生产并持续到1957年,先后共制造1100余辆。1956年,LVTP-5两栖装甲车首次用于黎巴嫩登陆作战。到20世纪60年代,该车全部在动力舱顶部装了盒式通气管,并进行了少许其他改动,定名为LVTP-5A1。

基本参数	
全长	9.04 米
全宽	3.57 米
全高	2.92 米
重量	37.4 吨
最大速度	48 千米/时
最大行程	306 千米

博物馆中的 LVTP-5 两栖装甲车

车体构造

LVTP-5两栖装甲车的车体是驳船形全焊接结构,甲板内侧由骨架支撑。为了提高水上机动性,车体前甲板和底甲板制呈倒V形。车前的液压驱动跳板铰接在车体上,由内外两层钢板组成,中间用等间隔的板条隔开,车体开口四周粘有实心橡胶密封圈,以保证跳板关闭时的密封性。LVTP-5

两栖装甲车的运载量较大,通常可载士兵34人,4条长椅各坐8人,另外2人坐在机枪平台上,紧急时可运载45名站立着的士兵。

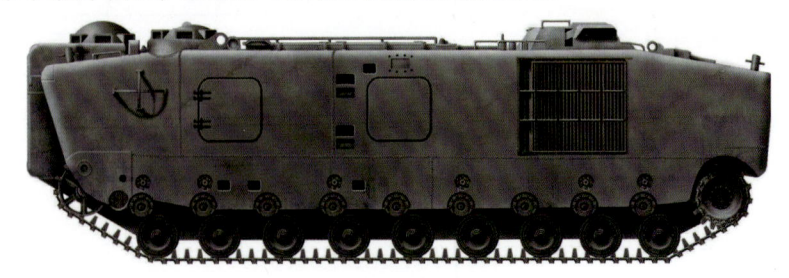

LVTP-5 两栖装甲车结构图

攻击能力

LVTP-5两栖装甲车的固定武器只有1挺7.62毫米M1919A4机枪,火力相对不足。因此,美军通常会利用LVTP-5的大容量货舱进行应急改装,比如堆放沙包增强防御力,装备无后坐力炮或是迫击炮提供更有效的火力掩护等。

LVTP-5 两栖装甲车侧后方视角

防护能力

相对之前的同类装甲车来说，LVTP-5两栖装甲车的装甲有所加强，但敌方火力也在加强，所以它在面对诸如火箭筒类的武器时，仍不能有效防御。LVTP-5两栖装甲车的油箱设计在载员舱的下方，在地雷威力波及下汽油容易因此诱爆，以实战观点而言设计并不成功。

LVTP-5 两栖装甲车侧前方视角

机动能力

LVTP-5两栖装甲车的动力装置为1台大陆LV-1790-1汽油发动机，最大功率为518千瓦。与发动机匹配的艾里逊CD-850-4传动装置是一种传动、差速和转向组合式装置，发动机动力通过传动装置、减速齿轮箱和单级侧传动传递到主动轮和履带。车体每侧有9个负重轮，5个托带轮。该车在水中行驶时采用履带划水，水中最大前进速度为11千米/时。

LVTP-5 两栖装甲车在水中行驶

十秒速识

LVTP-5两栖装甲车的车体前甲板和底甲板为倒V形，车体两侧基本竖直，载员舱顶部开有矩形货舱口，上有两扇双折舱盖，利用弹簧助力开启。

俄罗斯 BTR-60 装甲运兵车

◆ Chapter 3　两栖车辆

BTR-60装甲运兵车是苏联于20世纪60年代研制的一款8×8轮式装甲车，于1961年开始服役。

研发历史

二战后，苏联先后研制了若干种轮式装甲车。由于它们造价低，故装备数量不断增加。最初的两种车型是利用卡车底盘制造的BTR-40和BTR-152装甲车。这两种车没有炮塔，结构也比较简单。20世纪50年代末，BTR-40开始被BRDM装甲侦察车所取代。20世纪60年代，BTR-152逐渐被BTR-60装甲运兵车所取代。苏军于1961年开始装备基型车BTR-60P，1963年开始装备改进型BTR-60PA，1966年开始装备BTR-60PU指挥车和BTR-60PB对空联络车。

基本参数	
全长	7.56 米
全宽	2.83 米
全高	2.31 米
重量	10.3 吨
最大速度	80 千米/时
最大行程	500 千米

车体构造

BTR-60装甲运兵车的车体由装甲钢板焊接而成，前部为驾驶舱，中部为载员舱，后部为动力舱。驾驶员位于车前左侧，车长和驾驶员除通过观察孔直接观察之外，还各有1台潜望镜（夜间可换上红外潜望镜）。车长前上方有1个红外探照灯，步兵坐在载员舱内长椅上。载员舱每侧有3个射击孔。该车可以水陆两用，水上利用车后的一个喷水推进器行驶。喷水推进器由铝制外壳、螺旋桨、蜗杆减速器和防水活门组成。入水前先在车首竖起防浪板。此防浪板平时叠放在前下甲板上。

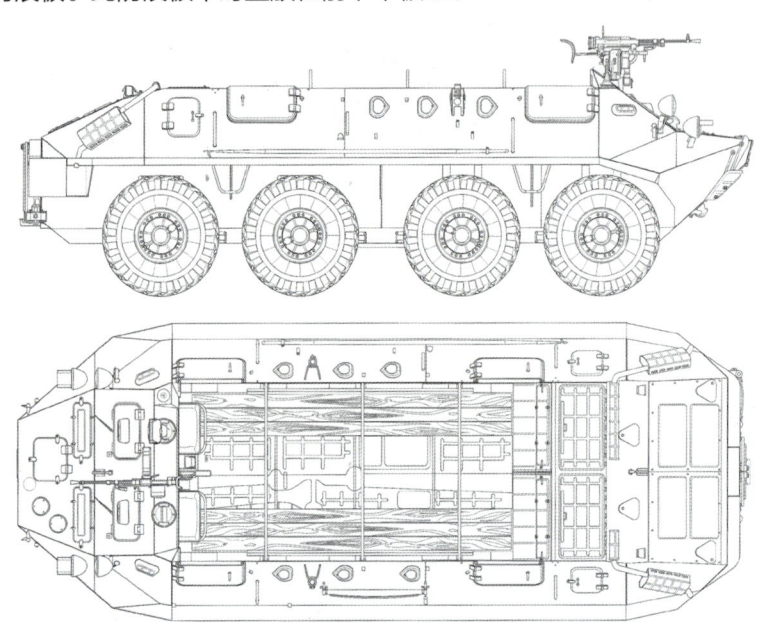

BTR-60 装甲运兵车结构图

攻击能力

BTR-60装甲运兵车的车体前部通常有1挺安装在枢轴上的7.62毫米机枪，也可换为12.7毫米机枪。

防护能力

BTR-60装甲运兵车可

BTR-60 装甲运兵车前方视角

○ Chapter 3 两栖车辆

以安装附加装甲，以此提高乘员的战斗生存能力。该车拥有火焰探测和灭火抑爆设备、三防系统和生命支持系统等标准设备。车上安装有自救绞盘，当车辆被陷时，可利用绞盘的牵引力和钢缆进行自救。

BTR-60 装甲运兵车侧面视角

机动能力

BTR-60装甲运兵车的动力装置为2台GAZ-49B水冷汽油发动机，单台功率为67千瓦。该车的驱动形式为8×8，前四个轮子由动力辅助转向。悬挂装置为扭

BTR-60 装甲运兵车在草原上行驶

135

杆式，第一、二轮处有2个液压减震器，第三、四轮处有1个液压减震器。轮胎安装了中央充气放气系统，驾驶员可根据地形情况，灵活调节轮胎内气压。

十秒速识

BTR-60装甲运兵车的车体两侧各有4个负重轮，各个车轮之间的距离相同。BTR-60P和BTR-60PA都没有炮塔，而且顶部是敞开的，BTR-60PB有一个小炮塔。

俄罗斯 BTR-70 装甲运兵车

BTR-70装甲运兵车是苏联于20世纪70年代研制的一款8×8轮式装甲车，于1976年开始服役。

Chapter 3　两栖车辆

研发历史

1972年8月21日，根据苏联国防部第0141号命令，苏联军工企业开始研制BTR-70装甲运兵车。1976年，BTR-70装甲运兵车开始批量生产。在批量生产过程中，BTR-70装甲运兵车的构造和外形没有太大改变，不同年代生产的车辆在细节上稍有差别。截至2017年7月，BTR-70装甲运兵车仍在俄罗斯军队服役。

基本参数	
全长	7.54 米
全宽	2.8 米
全高	2.32 米
重量	11.5 吨
最大速度	80 千米/时
最大行程	600 千米

BTR-70 装甲运兵车侧前方视角

137

车体构造

BTR-70装甲运兵车的车长和驾驶员并排坐在车体前部,驾驶员在左,车长在右,车前有两个观察窗,战斗时窗口都由顶部铰接的装甲盖板防护。每个窗口有3个前视潜望镜和1个侧视潜望镜,在侧视潜望镜下面还有1个射孔。炮塔位于车体中央位置。载员舱在炮塔之后,可运载7名士兵。另外,在车体两侧的第二、三轴之间开有向前打开的小门,车后为动力舱。

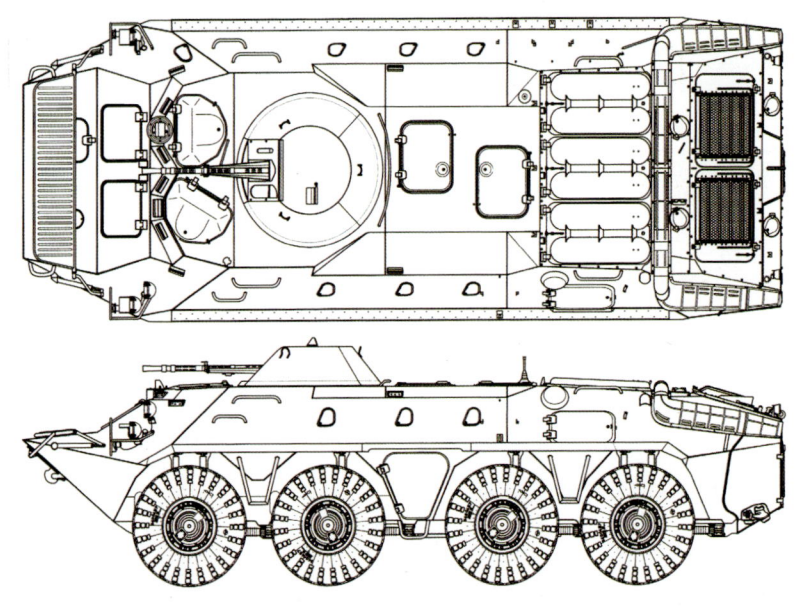

BTR-70 装甲运兵车结构图

攻击能力

BTR-70装甲运兵车的主要武器是1挺14.5毫米KPVT重机枪,也可换为12.7毫米DShK重机枪。辅助武器为1挺7.62毫米PKT机枪。此外,车内还备有2支AK突击步枪、2具9K34便携式防空导弹、1具RPG-7火箭筒(备弹5发)和2台AGS-17自动榴弹发射器。

Chapter 3 两栖车辆

防护能力

BTR-70装甲运兵车的车体由钢板焊接,其防护能力比BTR-60装甲运兵车有所增加,车前装甲以及车体前部和前轮之间的附加装甲都有所改善。

被留作纪念的退役 BTR-70 装甲运兵车

机动能力

BTR-70装甲运兵车的动力装置为2台ZMZ-4905汽油发动机，单台功率为88千瓦。在使用过程中，苏军发现BTR-70装甲运兵车的发动机和复杂的传动装置并不可靠，导致维护和维修工作量较大。此外，二级喷水推进器在使用中问题也很多，浮渡时经常被水草、泥浆堵塞。

BTR-70装甲运兵车参加登陆训练

十秒速识

BTR-70装甲运兵车的车头比BTR-60装甲运兵车更宽，车体前方和侧面装甲都有一定的倾斜角度。车体两侧各有4个负重轮，各个车轮之间的距离相同。

俄罗斯 BTR-80 装甲运兵车

BTR-80装甲车是苏联于20世纪80年代研制的一款8×8轮式装甲车,主要用于人员输送。

研发历史

20世纪80年代,苏军主要的装甲运兵车是BTR-70装甲运兵车。虽然与上一代的BTR-60装甲运兵车相比,BTR-70装甲运兵车已经有了非常大的改善,但是BTR-70装甲运兵车仍然存在双汽油发动机设计复杂、耗油量较大等问题。为此,苏联开始设计一款代号为GAZ-5903的装甲人员运输车。新的装甲人员运输车的总体布局与BTR-70装甲运兵车相同,但是更换了新的机械设备。1986年,在通过国家测试之后,GAZ-5903以BTR-80的编号进入苏军服役。1987年11月,BTR-80装甲运兵车在莫斯科举行的阅兵式上首次公开露面。截至2017年7月,该车仍然在俄罗斯军队服役。

基本参数	
全长	7.7 米
全宽	2.9 米
全高	2.41 米
重量	13.6 吨
最大速度	80 千米/时
最大行程	600 千米

俄罗斯军队装备的 BTR-80 装甲运兵车

车体构造

BTR-80装甲运兵车的驾驶舱位于车体前部，战斗舱和载员舱位于车体中部，动力舱位于车体后部。该车有3名车组人员（驾驶员、车长和炮手），并可以搭载7名乘员。BTR-80装甲运兵车的车体顶部装甲板上有2个舱门，乘员可以从那里上下车辆，但是乘员上下车的主要手段是位于炮塔后、车体两侧的大型双叶门。车长和驾驶员有两个独

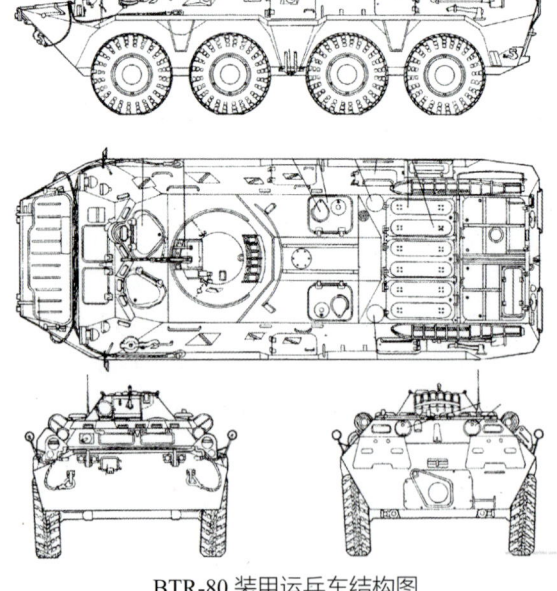

BTR-80 装甲运兵车结构图

立的半圆形舱门用于上下车辆。此外，BTR-80装甲运兵车还有很多舱口用于检修发动机和变速箱。

攻击能力

BTR-80装甲运兵车的炮塔顶部可以360度旋转，其上部装有1挺14.5毫米KPVT大口径机枪，辅助武器为1挺7.62毫米PKT并列机枪。KPVT机枪是设计用于对抗敌方轻装甲目标，可以发射B32穿甲燃烧弹、BZT穿甲燃烧曳光弹、BLS穿甲燃烧碳化钨芯弹和RFP燃烧弹等。而PKT机枪主要用于对抗敌人步兵，备弹为2000发，可搭载8条弹链。此外，车内可携带2枚9K34或9K38"针"式单兵防空导弹和1具RPG-7式反坦克火箭筒。

BTR-80 装甲运兵车侧后方视角

防护能力

BTR-80装甲运兵车的装甲防护相当薄弱，车身各处的装甲厚度在5～9毫米，材质为轧制钢板。BTR-80装甲运兵车的车体正面的装甲板拥有相当大的角度，但其余部位的装甲板的角度很小。BTR-80装甲运兵车有防沉装置，一旦车辆在水中损坏也不会很快下沉。

BTR-80 装甲运兵车准备涉水行驶

机动能力

BTR-80装甲运兵车的动力装置为1台卡马斯7403型柴油发动机,最大功率为190千瓦。该车可以水陆两用,水上行驶时靠车后单个喷水推进器推进,最大速度为9千米/时。当通过浪高超过0.5米的水障碍时,可竖起通气管不让水流进入发动机内。

BTR-80 装甲运兵车进行登陆训练

Chapter 3　两栖车辆

十秒速识

BTR-80装甲运兵车的总体布置与BTP-70装甲运兵车相似。载员舱顶部有2个方形舱盖，盖上各有1个用于对空射击的圆形孔。车体两侧的第二、第三轴之间开有大门，而不是BTP-70装甲运兵车上的小门。该门上部朝前打开，下部可向下折叠形成台阶。

BTR-80 装甲运兵车侧面视角

俄罗斯 BTR-82 装甲运兵车

BTR-82装甲运兵车是俄罗斯研制的一款轮式装甲运兵车，2011年开始服役。

研发历史

BTR-82装甲运兵车是BTR-80装甲运兵车（8×8型）的最新衍生版本，原型车于2009年11月制造完成。在通过俄罗斯陆军的测试之后，BTR-82装甲运兵车于2011年开始装备部队。2014年8月，俄罗斯波罗的海舰队下辖的海军步兵开始进行BTR-82装甲运兵车的泅渡试验，以测试该车水上作战时的密闭性能。2015年，俄军装备的BTR-82装甲运兵车参加了叙利亚的战争。

基本参数	
全长	7.7 米
全宽	2.9 米
全高	2.41 米
重量	13.6 吨
最大速度	90 千米/时
最大行程	600 千米

展览中的 BTR-82 装甲运兵车

车体构造

BTR-82装甲运兵车仍然延续了BTR-80装甲运兵车一些设计上的限制，如后置式发动机。这种布局使得车内人员必须通过侧门离开车辆，直接暴露在敌人的炮火下。

● Chapter 3 两栖车辆

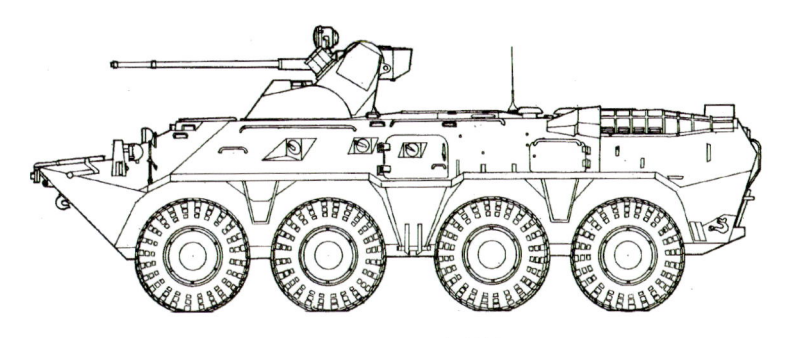

BTR-82 装甲运兵车结构图

攻击能力

BTR-82装甲运兵车基本型的主要武器是1挺14.5毫米机枪,而改进型BTR-82A则安装了1挺30毫米机关炮。辅助武器是1挺7.62毫米机枪。

防护能力

BTR-80装甲运兵车可全方位抵御7.62毫米子弹的攻击,正面防护装甲能抵御12.7毫米子弹的攻击。而BTR-82装甲运兵车的防护性能更好,但不能使用附加装甲。

BTR-82 装甲运兵车侧后方视角

机动能力

BTR-80装甲运兵车的动力装置为1台最大功率为220千瓦的柴油发动机，使其最大公路速度达到90千米/时，爬坡度为60%，越墙高度为0.5米，越壕宽度为2米。该车可以在水中行驶，最大前进速度为10千米/时。

BTR-82 装甲运兵车在山区行驶

Chapter 3 两栖车辆

十秒速识

BTR-82装甲运兵车的车身两侧各有4个负重轮,车体前下装甲向后倾斜至前负重轮位置。车顶水平,炮塔位于车体前部中央位置。

BTR-82 装甲运兵车参加军事演习

俄罗斯 BRDM-2 装甲侦察车

149

BRDM-2装甲侦察车是苏联于20世纪60年代研制的一款两栖装甲侦察车,现仍在俄罗斯军队中服役。

基本参数	
全长	5.75 米
全宽	2.35 米
全高	2.31 米
重量	7 吨
最大速度	95 千米/时
最大行程	750 千米

研发历史

BRDM-2装甲侦察车由苏联杰特科夫设计局设计,在BRDM-1装甲侦察车的基础上改进而成。1962年,BRDM-2装甲侦察车开始批量生产,同年正式服役。1989年,BRDM-2装甲侦察车停止生产,总产量约7200辆,衍生型号较多。除苏联外,埃及、匈牙利、印度、印度尼西亚、利比亚、波兰、越南等国也有采用。截至2017年7月,该车仍然在役。

展览中的 BRDM-2 装甲侦察车

车体构造

BRDM-2装甲侦察车的战斗舱两侧各有一个射击孔,为扩大乘员观察范围,在射击孔上安装有一套突出车体的观察装置。驾驶员在车体前部左侧,车长位于右侧,两人前面都有带防弹玻璃的观察窗口。为了进一步加强防护力,在防弹玻璃外侧上部加设装甲绞链盖。作战时,铰链盖放下,车长和驾驶员通过水平安装在车体上部的昼用潜望镜来观察周围地形。车体尾部没有开后门,乘员只能通过位于车长和驾驶员身后、车体上部开设的两个圆形舱门出入,舱盖可向后90度转动。

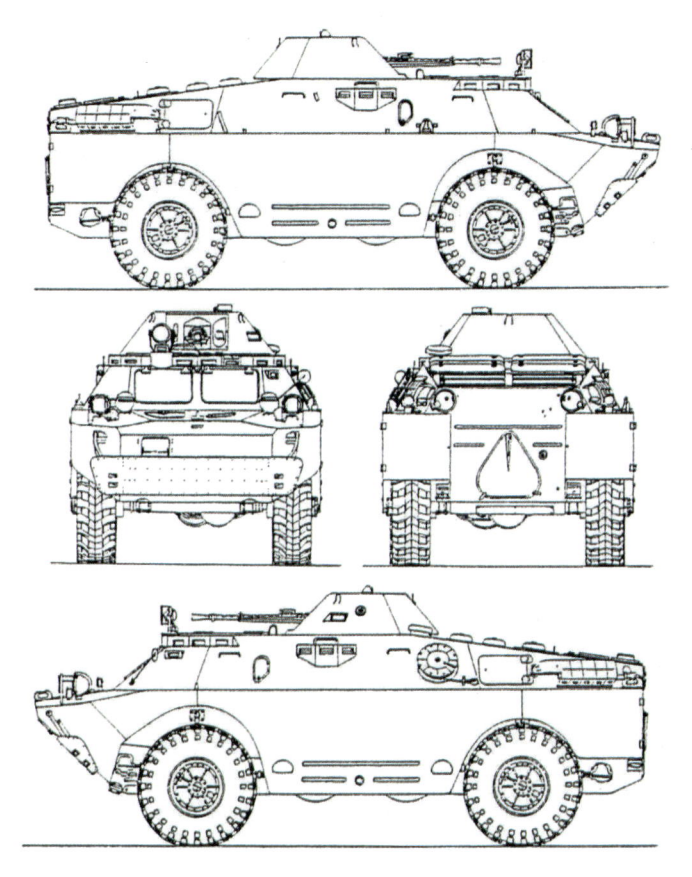

BRDM-2 装甲侦察车结构图

攻击能力

　　BRDM-2装甲侦察车的主要武器为1挺14.5毫米KPVT重机枪,备弹500发。其右侧为1挺7.62毫米PKT并列机枪,备弹2000发。在重机枪的左侧装有1具瞄准镜,以提高射击精度。机枪的高低射界为-5度至+30度。此外,车内还有2支冲锋枪和9枚手雷。

俄罗斯军队装备的 BRDM-2 装甲侦察车

防护能力

BRDM-2 装甲侦察车的车体采用全焊接钢装甲结构，可抵挡轻武器射击和炮弹破片。该车配备了三防装置，具备一定的核生化防护能力。

BRDM-2 装甲侦察车侧前方视角

Chapter 3 两栖车辆

机动能力

BRDM-2装甲侦察车的动力装置为GAZ-41水冷汽油发动机，最大功率为104千瓦。其变速箱为机械式，有4个前进挡和1个倒退挡，另有一个两速分动箱，结合时可将变速箱的动力传递至辅助车轮或喷水推进装置，用于越野行驶或水上行驶。BRDM-2装甲侦察车前后两个车轮之间有4个辅助车轮，由驾驶员在车内操纵其升降。辅助车轮只在最困难的地段或跨越壕沟时才使用，而且规定辅助车轮降下时只能用1挡行驶。BRDM-2装甲侦察车在水中利用安装在车体后部的单台喷水推进器驱动，最大前进速度为10千米/时。

BRDM-2 装甲侦察车在非铺装路面行驶

十秒速识

BRDM-2装甲侦察车的车体下方侧面和尾部竖直，上方内倾，动力舱顶后倾。车顶中央的炮塔顶部平坦，唯一出入方式是炮塔前方两扇圆形舱门。

BRDM-2 装甲侦察车正前方视角

俄罗斯"回旋镖"装甲运兵车

Chapter 3　两栖车辆

"回旋镖"（Bumerang）装甲运兵车是俄罗斯最新研制的一款轮式两栖装甲运兵车。

基本参数	
全长	8 米
全宽	3 米
全高	3 米
重量	25 吨
最大速度	100 千米/时
最大行程	800 千米

研发历史

20世纪90年代早期，俄罗斯研制出了BTR-90装甲运兵车，虽然这种新式装甲运兵车的性能优于BTR-80装甲运兵车，但造价十分昂贵，最终未能大量装备部队。2011年，俄罗斯联邦国防部公开表示将不会采购BTR-90装甲运兵车，同时对外发布了一项模组化轮式装甲车系列的采购需求。2012年2月，时任俄罗斯陆军总司令的亚历山大·波斯特尼柯夫上将对外表示俄军将于2013年接收第一辆"回旋镖"装甲运兵车的原型车。2015年，"回旋镖"装甲运兵车在莫斯科胜利日阅兵的预演中首次公开亮相。

"回旋镖"装甲运兵车俯视图

车体构造

与早前的BTR系列装甲运兵车不同，"回旋镖"装甲运兵车的发动机安装在车体前方而不是车尾。该车设有后门及车顶舱门，以供乘员进出。"回

155

旋镖"装甲运兵车的车组人员为3人,并可载运9名士兵。该车的车尾有2台喷水推进装置,使其拥有克服水流并快速前进的能力。

"回旋镖"装甲运兵车结构图

攻击能力

"回旋镖"装甲运兵车的主要武器是1门30毫米机关炮、1挺遥控操作的7.62毫米机枪(或12.7毫米机枪)以及4枚反坦克导弹,火力远强于美国"斯特赖克"装甲车。

"回旋镖"装甲运兵车编队

Chapter 3　两栖车辆

防护能力

　　"回旋镖"装甲运兵车采用了先进的陶瓷复合装甲，并应用了最新的防御技术来避免被炮火击中。

"回旋镖"装甲运兵车侧后方视角

机动能力

　　"回旋镖"装甲运兵车的动力装置为1台UTD-32TR涡轮增压柴油发动机，最大功率为375千瓦。车体每侧有4个负重轮。

"回旋镖"装甲运兵车前方视角

十秒速识

"回旋镖"装甲运兵车的车体高大,前上部装甲倾斜明显,车体两侧和车尾基本竖直。炮塔位于车体中央。

"回旋镖"装甲运兵车侧前方视角

乌克兰 BTR-4 装甲运兵车

Chapter 3　两栖车辆

BTR-4装甲运兵车是乌克兰于21世纪初研制的一款轮式装甲运兵车，于2009年开始服役。

基本参数	
全长	7.65 米
全宽	2.9 米
全高	2.86 米
重量	17.5 吨
最大速度	110 千米/时
最大行程	690 千米

研发历史

BTR-4装甲运兵车是乌克兰以苏联时代的BTR-60/70/80装甲运兵车为基础自行研发的8×8轮式装甲车，总体沿用了BTR-80装甲运兵车的布局，但在细节设计上向德国"狐"式装甲车靠拢。除装备乌克兰陆军外，该车还被印度尼西亚海军陆战队、伊拉克陆军、哈萨克斯坦陆军等部队采用。

BTR-4 装甲运兵车准备涉水行驶

车体构造

BTR-4装甲运兵车的车首布局可提供给驾驶员和车长良好的前向及侧向视野，观察范围比BTR-80装甲运兵车更佳。车长及驾驶员的位置在车体前部，车长在右边，驾驶员在左边。驾驶员、车长座椅均为整体吊装式，可依身高进行调节并能向左右转动。宽敞的载员舱前方可安装多种炮塔。载员数量因所选装的武器系统不同而有所不同，基本型可运载8人。车尾有2

扇分别向左右开启的舱门，载员舱上方也有2扇舱门。载员舱两侧分别设有4个射击孔，在右侧尾门上也有1个射击孔，可供载员用随身武器向外射击。

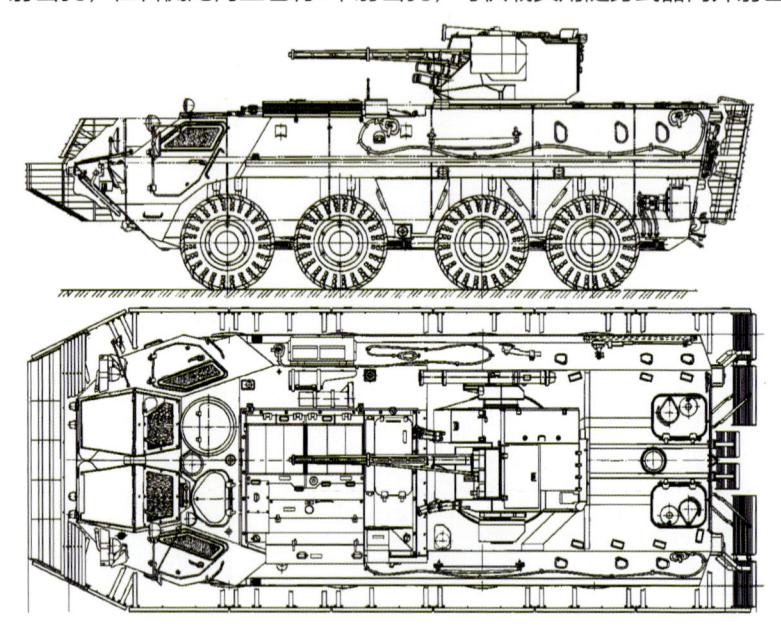

BTR-4 装甲运兵车结构图

攻击能力

BTR-4装甲运兵车的主要武器为1门30毫米机关炮，还可装备4枚反坦克导弹。该车除了用于完成常规作战任务以外，还可以用于完成多种作战任务，包括防空、战场救护、战地指挥、火力支援和侦察等。

BTR-4 装甲运兵车侧前方视角

Chapter 3　两栖车辆

防护能力

BTR-4装甲运兵车可抵御100米内发射的12.7毫米口径子弹和155毫米口径榴弹破片的袭击。若加装模块化附加装甲，防弹能力可进一步提高。

机动能力

BTR-4装甲运兵车采用8×8轮式驱动形式，动力装置为1台3TD柴油发动机，最大功率为372千瓦。根据不同客户的要求，还可换装德国道依茨365型柴油发动机（最大功率为445千瓦）。

BTR-4 装甲运兵车在水中行驶

十秒速识

BTR-4装甲运兵车的车长和驾驶员身侧均有侧门，头顶也分别开有顶门。车前风挡、侧窗都安装有防弹玻璃。车体每侧有4个负重轮。炮塔位于车体中央。

意大利 VBTP-MR 装甲车

Chapter 3 两栖车辆

VBTP-MR装甲车是意大利依维柯公司专为巴西军队设计的一款轮式两栖装甲车，2015年开始装备巴西海军陆战队。

研发历史

基本参数	
全长	6.9 米
全宽	2.7 米
全高	2.34 米
重量	16.7 吨
最大速度	110 千米/时
最大行程	600 千米

21世纪初，巴西军方希望研发一种18吨重的轮式车辆，考虑到巴西国内河流众多，加之其海岸线复杂漫长，巴西军方要求该车能胜任两栖作战任务，至少能搭载10名士兵，可加配侧翼浮筒以增大在河流水网密布地区的浮渡能力，可配多种武器系统。之后，巴西军方意识到新一代装甲车也必须具备快速部署能力，于是将VBTP-MR可由C-130运输机装载的机动部署性能写进了技术指标。2009年，VBTP-MR样车在里约热内卢国际航空防务展上亮相。

VBTP-MR 装甲车在公路上行驶

车体构造

VBTP-MR装甲车是一种六轮装甲车，也有八轮版本。该车采用常规布局，动力系统前置，进出气口位于车体右侧，驾驶员和车长一前一后位于车前左侧，驾驶员配有红外夜视潜望镜可以进行360度观察，车长前方有一个可升高的潜望镜，以便越过驾驶员舱盖观察前方。为减少涉水行驶时的阻力，车体两侧简洁、光滑，可加配侧翼浮筒以增大在河流水网密布地区的浮渡能力。VBTP-MR装甲车有2名车组人员，可运载9名全副武装的士兵，乘员可通过后部和顶部舱门进出。

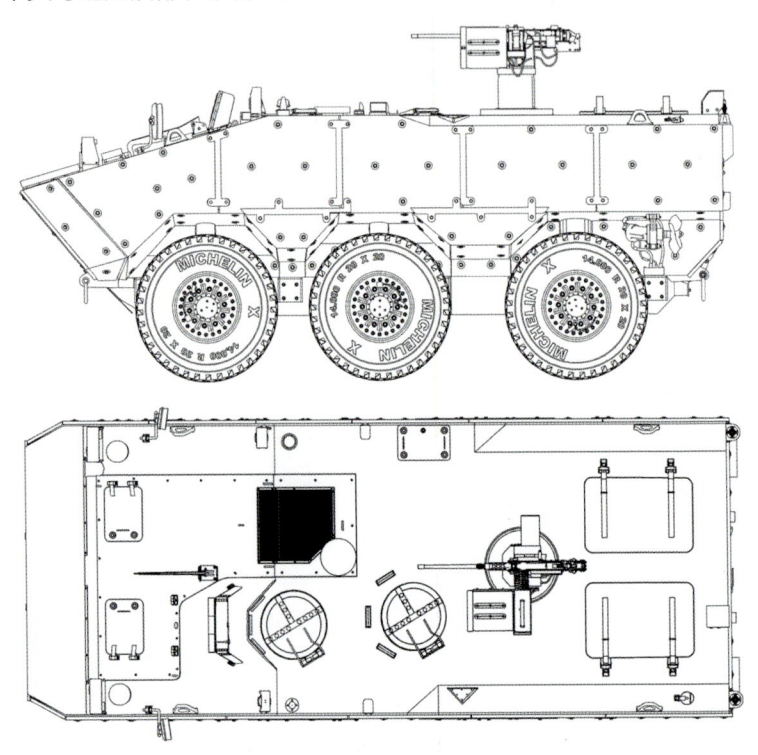

VBTP-MR 装甲车结构图

攻击能力

VBTP-MR装甲车采用以色列埃尔比特公司生产的UT-30无人炮塔，可配用多种武器，如7.62毫米机枪、12.7毫米机枪、30毫米榴弹发射器、40毫米榴弹发射器或反坦克导弹等。此外，激光告警系统、车长全景式瞄准具和发烟榴弹发射器也与炮塔整合在一起。VBTP-MR装甲车可在行进间射击,观瞄火控系统还整合了目标自动跟踪、激光测距等功能,对移动目标具有较高的首发命中率。

防护能力

VBTP-MR装甲车的基本车体装甲可提供对小口径武器直射、中小口径炮弹弹片的防护能力。为提高车辆防护能力,提高任务弹性,除内部加挂防剥落衬层装甲外,其外部也可进一步加挂复合装甲。由于借鉴了北约国家军队在反恐战争上的实战经验,车辆底盘采用中间突出距地面较近、两侧逐渐升高的V形轮廓,同时整体也距地面较远,用以提高对简易爆炸装置等车体下方爆炸物的防护能力。

机动能力

VBTP-MR装甲车采用依维柯公司的"光标"9型涡轮增压柴油发动机,最大功率为285.6千瓦。传动系统采用7挡自动变速箱,双轴动力传动和完全独立的悬挂,使其在各种复杂地形都具有较好的机动性能。在全负载条件下,VBTP-MR装甲车可攀爬60度斜坡,独立、高度可调的悬挂可翻越0.5米

VBTP-MR 装甲车侧后方视角

矮障，能克服1米宽的堑壕和深沟。在水中行驶时，VBTP-MR装甲车的最大速度为9千米/时。

VBTP-MR 装甲车进行越野测试

Chapter 3 两栖车辆

十秒速识

VBTP-MR装甲车的车体前上装甲倾斜明显,车体两侧和车尾基本竖直,车底有V形底盘装甲。

VBTP-MR 装甲车编队

Chapter 4

空降车辆

　　空降车辆是通过飞机等空中运载工具和降落伞空运到敌人后方的战斗车辆，它是空降兵的重要机动武器，可以引导伞兵或支援伞兵迅速穿插，突然抢占敌方的军事要地，也可以作为活动火力点和伞兵组成防御体系、扼守己方占领的军事要地，并为伞兵提供防护和乘车战斗的条件。

俄罗斯 BMD-1 伞兵战车

BMD-1伞兵战车是苏联于20世纪60年代研制的一款履带式伞兵战车，1969年正式装备空降部队。该车是BMD系列伞兵战车的第一款，至今仍在俄罗斯军队服役。

研发历史

二战后直到20世纪60年代初，苏联空降军仅装备ASU-57和ASU-85空降自行反坦克炮，属于火力支援兵器，苏联空降军亟须研制一种可空降的突击作战兵器。在此背景下，BMD-1伞兵战车的研制工作被提上日程。在BMP-1步兵战车的基础上，苏联研发部门将其缩小尺寸，降低重量，并且应用空投技术，研制出了BMD-1伞兵战车。这也是

基本参数	
全长	5.34 米
全宽	2.65 米
全高	2.04 米
重量	7.5 吨
最大速度	70 千米/时
最大行程	320 千米

BMD系列伞兵战车的特点，和BMP系列步兵战车一一对应，可视为后者的"空降变形车"。

BMD-1伞兵战车于1969年开始装备苏联空降部队，1973年11月首次在莫斯科阅兵式上展出，1979年苏军在阿富汗战争中曾被大量使用。除苏联外，BMD-1伞兵战车还出口到印度、伊朗、安哥拉、伊拉克、古巴等国家。苏联解体后，BMD-1伞兵战车仍在各加盟共和国服役，包括俄罗斯、乌克兰、白俄罗斯、亚美尼亚、阿塞拜疆、乌兹别克斯坦等。截至2017年7月，该车仍然在役。

白俄罗斯军队装备的 BMD-1 伞兵战车

车体构造

BMD-1伞兵战车的车体前部为驾驶舱，中部为战斗舱，单人炮塔位于车体中部靠前，后部为载员舱，再后是动力舱。驾驶员位于车体前部中央，其舱门前面有3个潜望镜，中间1个可换成红外夜间驾驶仪。车长在驾驶员左后侧，旁边有电台和陀螺罗盘。

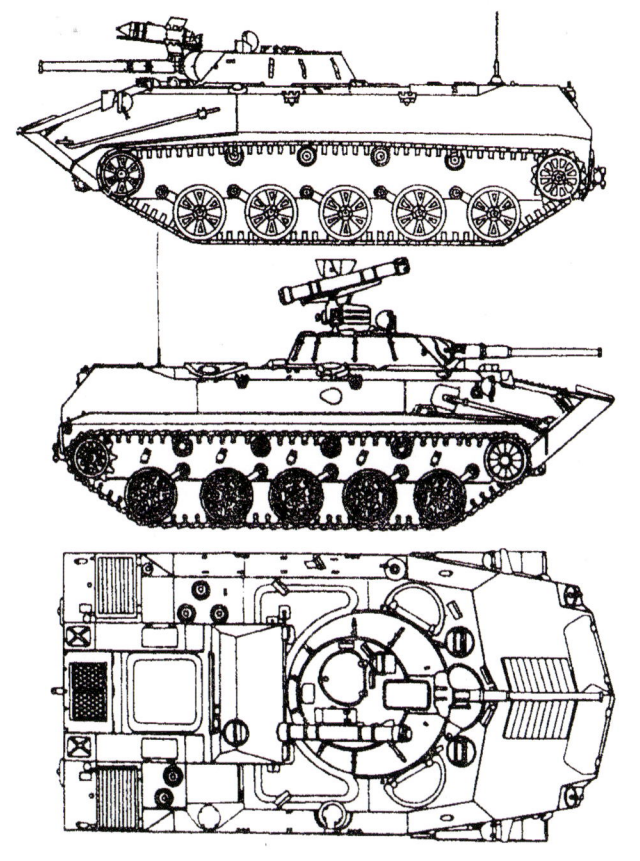

BMD-1伞兵战车结构图

攻击能力

BMD-1伞兵战车的主炮为1门73毫米2A28滑膛炮,弹药基数为40发,以自动装弹机装弹,配用的弹种为定装式尾翼稳定破甲弹,初速400米/秒。火炮俯仰和炮塔驱动均采用电操纵,必要时也可以手动操作。主炮右侧有1挺7.62毫米并列机枪,弹药基数为2000发。在炮塔的吊篮内有废弹壳搜集袋。炮塔内有通风装置,用于排出火药气体。炮塔上方有"赛格"反坦克导弹的单轨发射架,除了待发弹外,炮塔内还有2枚。

BMD-1 伞兵战车在平原地区行驶

防护能力

BMD-1伞兵战车的车体采用钢装甲全焊接结构,车体装甲厚15毫米,炮塔装甲厚23毫米,可防御7.62毫米轻武器直接射击以及炮弹破片攻击。此外,该车还有烟幕施放装置、三防装置、以溴化乙烯为灭火剂的中央灭火系统等标准设备。

BMD-1 伞兵战车侧前方视角

Chapter 4 空降车辆

机动能力

　　BMD-1伞兵战车装有1台5D-20水冷柴油发动机，最大功率为180千瓦。手动式机械变速箱有5个前进挡和1个倒退挡。悬挂装置为独立式液气弹簧悬挂装置，在车底距地面100～450毫米范围内可调。BMD-1伞兵战车可水陆两用，水上行驶时用车体后部的两个喷水推进器推进，在入水前将车前的防浪板升起，排水泵工作。

　　BMD-1伞兵战车可利用辅助喷气式伞降系统实施空降，车上装有空投用的定位系统和无线电信号装置。空投定位系统和无线电信号装置供伞兵空投到空投地区时判定自己的方位和彼此间进行联络。BMD-1伞兵战车通过空中运载工具运送时，安-12运输机可运送2辆，伊尔-76可运送3辆，安-22可运送4辆，米-6直升机可吊挂1辆。

俄罗斯士兵正在进行BMD-1伞兵战车的空投准备工作

十秒速识

　　与BMP-1步兵战车不同，出于伞兵战车的特殊考虑，BMD-1伞兵战车采用发动机后置方案。车体每侧有5个小负重轮和4个托带轮。BMD-1伞兵战车没有设置后门，乘员只能从载员舱的上方出入。

展览中的 BMD-1 伞兵战车侧前方视角

俄罗斯 BMD-2 伞兵战车

BMD-2伞兵战车是苏联于20世纪80年代设计制造的伞兵战车,是BMD系列伞兵战车的第二款。

Chapter 4　空降车辆

研发历史

BMD-1伞兵战车拥有速度快、行程大等优点，但是火力不足，在面对敌方重火力时，无法以更重的火力进行压制。20世纪80年代，苏联针对BMD-1伞兵战车的这项弱点进行了改进，其结果就是BMD-2伞兵战车。1985年，BMD-2伞兵战车正式服役。苏联解体后，BMD-2伞兵战车继续在俄罗斯、乌克兰和乌兹别克斯坦服役，截至2017年7月仍然在役。

基本参数	
全长	5.34 米
全宽	2.65 米
全高	2.04 米
重量	8.23 吨
最大速度	60 千米/时
最大行程	500 千米

BMD-2 伞兵战车编队

车体构造

BMD-2伞兵战车的车体前部为驾驶舱，驾驶员位于车体中央。中部为战斗舱，炮塔位于车体中部靠前，为单人炮塔。后部为载员舱，再后是动力舱。该车不设后门，乘员只能从载员舱的上方出入。BMD-2伞兵战车具备两栖行进能力，车体尾部有喷水推进器，车前有防浪板。

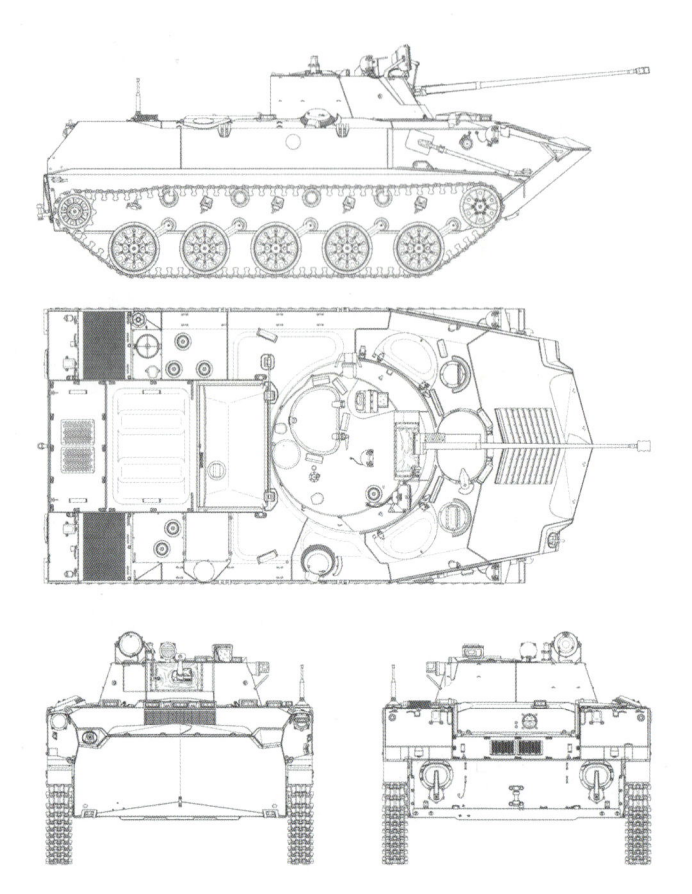

BMD-2 伞兵战车结构图

攻击能力

BMD-2伞兵战车和BMD-1伞兵战车的整体框架一致，只是武器有所不同。BMD-2伞兵战车的主要武器为1门2A42型30毫米机炮，在其上方装有1具AT-4（后期型号装备AT-5）反坦克火箭筒（射程500～4000米）。辅助武器为1挺7.62毫米并列机枪，备弹2980发，还有1挺7.62毫米航空机枪，备弹2980发。载员舱侧面开有射击孔，乘员可在车内向外以轻武器射击。

Chapter 4　空降车辆

BMD-2 伞兵战车正前方视角

防护能力

BMD-2伞兵战车的车体为钢装甲全焊接结构，车体装甲厚15毫米，炮塔装甲厚23毫米，可防御7.62毫米轻武器直接射击以及炮弹破片攻击。与BMD-1伞兵战车一样，BMD-2伞兵战车也配备了三防装置。

BMD-2 伞兵战车侧面视角

机动能力

BMD-2伞兵战车的动力装置为1台5D-20水冷柴油发动机,最大功率为180千瓦。手动式机械变速箱有5个前进挡和1个倒退挡。悬挂装置为独立式液气弹簧悬挂装置,在车底距地面100～450毫米范围内可调。每侧有5个负重轮和4个托带轮,诱导轮在前,主动轮在后。由于车辆全重增加,整车单位功率下降,最大陆上速度也因此下降了10千米/时。不过,最大行程得以增加。BMD-2伞兵战车通过空中运载工具运送时,安-12运输机可运送2辆,伊尔-76可运送3辆,安-22可运送4辆,米-6直升机可吊挂1辆。

十秒速识

BMD-2伞兵战车的底盘、舱室布置、悬挂方式和BMD-1伞兵战车完全一样,但是安装了与BMP-2步兵战车一样的炮塔。

BMD-2 伞兵战车侧后方视角

Chapter 4　空降车辆

俄罗斯 BMD-3 伞兵战车

　　BMD-3伞兵战车是苏联于20世纪80年代研制的伞兵战车,为BMD系列伞兵战车的第三款。

研发历史

　　20世纪80年代末,苏联空降兵科研所在"舍利弗"无平台伞降系统的基础上,为苏联新一代伞兵战车BMD-3研制出了PBS-950"陆架"伞降系统,不需要伞降平台,直接装在战车上即可。1990年,BMD-3伞兵战车正式服役,主要装备苏联空降部队和海军步兵。苏联解体后,BMD-3伞兵战车继续在俄罗斯军队服役。截至2017年7月,该车仍然在役。

基本参数	
全长	6.51 米
全宽	3.134 米
全高	2.17 米
重量	13.2 吨
最大速度	60 千米/时
最大行程	500 千米

179

高速行驶的 BMD-3 伞兵战车

车体构造

BMD-3伞兵战车的设计是以BMD-1伞兵战车和BMD-2伞兵战车为基础的，但是其底盘、舱室布置、发动机和悬挂方式等均有变化，因此它算是一款全新的伞兵战车。该车可运载5名伞兵，有2名位于车体前部驾驶员的两侧，另3名位于靠近炮塔的战斗舱内。在特殊情况下，BMD-3伞兵战车最多可运载7名伞兵。车体两侧各有1个射孔，车体顶部有1个宽大的顶置舱口，与炮塔尾部相连，便于乘员出入车辆。

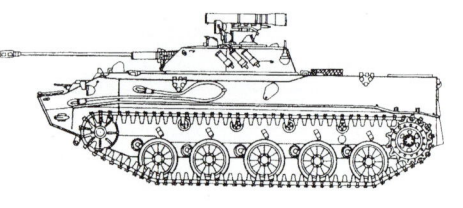

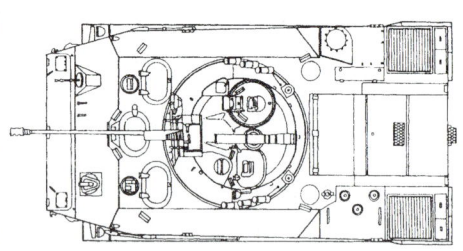

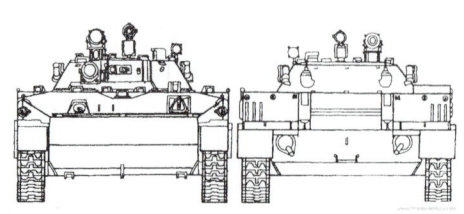

BMD-3 伞兵战车结构图

Chapter 4 空降车辆

★ 攻击能力

　　BMD-3伞兵战车的主要武器为1门2A42型30毫米机关炮，双向稳定（可行进间开火）高平两用，可360度旋转，可选择200发/分、300发/分、500发/分的射速。该炮可发射穿甲弹和高爆燃烧弹，弹药基数860发。主炮炮塔顶部后方装有1具AT-4反坦克导弹发射器，配弹4枚。BMD-3伞兵战车的辅助武器为1挺7.62毫米并列机枪，备弹2000发。1挺5.45毫米车前右侧机枪，备弹2160发。车体左侧前部右AG-17型30毫米榴弹发射器，备弹551发。载员舱侧面开有射孔，乘员可在车内向外以轻武器射击。

★ 防护能力

　　BMD-3伞兵战车具有相当的防护力，全车用装甲钢板焊接而成，可防轻武器和弹片的杀伤。车内配有火警和灭火装置以及集体式核、生、化防护装置。为提高战场生存能力，该车炮塔两侧各装有3具81毫米烟幕弹发射器。

展览中的 BMD-3 伞兵战车

机动能力

BMD-3伞兵战车的动力装置为1台2V06水冷柴油发动机，最大功率为330千瓦。液压式机械变速箱有5个前进挡和5个倒退挡。悬挂装置为液气悬挂装置，可在130～530毫米之间调节车底距地高。该车有两种宽度的履带可供选用，以适应不同的地形要求。BMD-3伞兵战车具备两栖行进能力，车体尾部有两个喷水推进器，车前有防浪板，水上行驶可抗5级风浪，并且可在海面空投。BMD-3伞兵战车配备PBS-950"陆架"伞降系统，是世界上第一种可以所有乘员同车空投的伞兵战车。

BMD-3 伞兵战车在城区行驶

Chapter 4 空降车辆

十秒速识

BMD-3伞兵战车的车前较尖，车顶水平，车顶前部有三个舱盖，炮塔居中，车顶两侧有散热窗，车后竖直。车体侧面几乎竖直，车体两侧各有5个负重轮，诱导轮在前，主动轮在后，有4个托带轮。

BMD-3 伞兵战车侧前方视角

俄罗斯 BMD-4 伞兵战车

BMD-4伞兵战车是俄罗斯于20世纪90年代研制的一款伞兵战车，是BMD系列伞兵战车的第四款。该车主要装备俄罗斯空降军，并有部分出口到其他国家。

基本参数	
全长	6.51 米
全宽	3.13 米
全高	2.17 米
重量	14.6 吨
最大速度	70 千米 / 时
最大行程	500 千米

研发历史

自20世纪70年代问世以来，BMD伞兵战车先后发展了BMD-1、BMD-1M、BMD-2、BMD-2M、BMD-3等多种型号。但是在空降部队服役的BMD伞兵战车出现了日益老化的问题。在俄罗斯军队现役的BMD伞兵战车中，有80%已至少服役了15年。1969年开始装备部队的BMD-1伞兵战车中约有95%的已至少进行了一次大修。但从1990年开始服役的BMD-3伞兵战车中，只有不到7%进行过大修。因此，KBP仪器设计局对BMD-3伞兵战车进行了多方面的现代化改进，起初的改进型被称为BMD-3M伞兵战车，后被更名为BMD-4伞兵战车。2004年，BMD-4伞兵战车开始服役。截至2017年7月，该车仍然在役。

BMD-4 伞兵战车编队

Chapter 4 空降车辆

▸ 车体构造

　　BMD-4伞兵战车的驾驶舱位于车体前中部，左右紧挨着驾驶舱有2个载员舱。驾驶舱有3具潜望镜，中间1具可换为激光夜视镜，2个载员舱各有2具潜望镜，视野良好。战斗舱位于车体靠前的正中位置，上有一座炮塔。车体后部正中，紧挨着战斗舱的位置是后载员舱，可搭载2名伞兵，通过一个向前上方翻起的矩形舱盖出入。后载员舱左右两侧各有1具潜望镜，提供向两侧的观察视野。车体最后部为动力舱，尾部装有两个喷水推进部，供水上航渡使用。

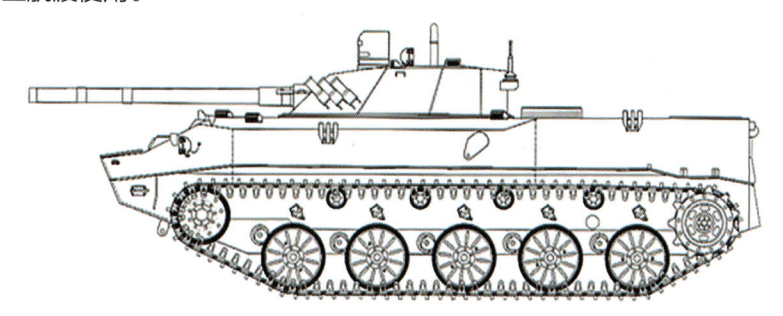

BMD-4 伞兵战车结构图

▸ 攻击能力

　　BMD-4伞兵战车的主要武器为1门2A70型100毫米线膛炮，双向稳定，配有自动装弹机（可行进间开火），可发射杀伤爆破弹和炮射导弹（9M117型）。发射9M117炮射导弹时射程4000米，可穿透550毫米均质钢板。由于BMD-4伞兵战车具备发射炮射导弹能力，因此没有外置反坦克导弹发射器。BMD-4伞兵战车的辅助武器为1门30毫米2A72型机关炮，弹

BMD-4 伞兵战车正面视角

药基数500发。此外，该车上还设有步枪射孔，可扫射近距离目标。

防护能力

与BMD-3伞兵战车相比，BMD-4伞兵战车的装甲防护提高幅度有限，全车采用铝合金装甲，只能抵御100米内直射的7.62毫米穿甲弹和近距离的155毫米榴弹破片打击。车体和炮塔正面装甲倾角较大，可抵御12.7毫米弹药直射打击。必要时，BMD-4伞兵战车可通过加装反应装甲来提高防弹能力。除装甲防护外，BMD-4伞兵战车还装有标准的三防系统、自动灭火抑爆系统和烟幕弹发射器等辅助防护系统。

BMD-4伞兵战车参加军事演习

机动能力

BMD-4伞兵战车装有1台2V-60-2水冷柴油发动机，最大功率为331千瓦。该车的最大公路速度可达70千米/时，最大越野速度为45千米/时。借助于喷水推进器，BMD-4伞兵战车的水中前进速度可达10千米/时。为了提高通过性能，BMD-4伞兵战车采用了两种金属履带（标准履带和宽履带），具备在山地、丘陵、沙漠、泥泞和沼泽地带执行任务的能力，并能适应4000米海拔高度的作战环境。在战略机动性方面，BMD-4伞兵战车可以使用伊

Chapter 4 空降车辆

尔-76、安-124等运输机远程机动,在战区上空实施空投。BMD-4伞兵战车具有"人车一体"空投能力,通过综合采用重型伞具、火箭缓冲装置和快速解锁装置等来实现。

BMD-4 伞兵战车进行涉水测试

十秒速识

BMD-4伞兵战车的底盘、舱室布置、发动机、悬挂方式和BMD-3伞兵战车完全相同,但是安装了与BMP-3步兵战车一样的炮塔,炮塔外形采用了有较好雷达隐身性能的多面体结构。

阅兵式上的 BMD-4 伞兵战车

英国"弯刀"装甲侦察车

"弯刀"（Scimitar）装甲侦察车是英国阿尔维斯汽车公司设计并制造的履带式装甲侦察车，其体积小、重量轻，既能空运又能空投，便于巷战使用，擅长穿过山林小道。

基本参数	
全长	4.9 米
全宽	2.2 米
全高	2.1 米
重量	7.8 吨
最大速度	80 千米/时
最大行程	450 千米

研发历史

"弯刀"装甲侦察车是"蝎"式轻型坦克的衍生型之一，由阿尔维斯汽车公司于20世纪60年代末基于"蝎"式轻型坦克研发，1971年开始批量生产并装备部队，英军编号为FV107。除了英军使用外，还出口到拉脱维亚和比利时等国。截至2017年7月，"弯刀"装甲侦察车仍在服役。

Chapter 4　空降车辆

"弯刀"装甲侦察车侧前方视角

车体构造

"弯刀"装甲侦察车的驾驶员位于车体前部左侧，动力舱在前部右侧，战斗舱在后部。

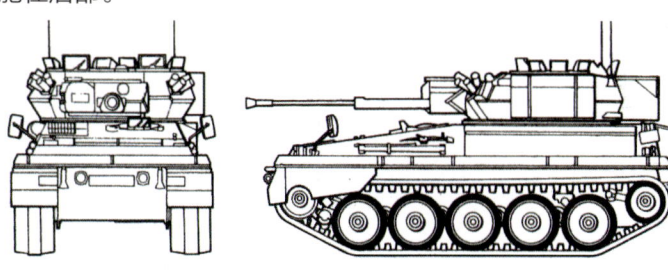

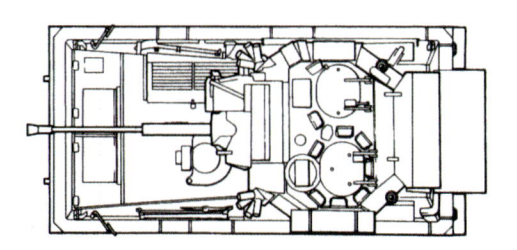

"弯刀"装甲侦察车结构图

攻击能力

"弯刀"装甲侦察车的主要武器为1门30毫米L30火炮（备弹165发），可迅速单发射击，也可6发连射，空弹壳自动弹出炮塔外。L30火炮在发射脱壳穿甲弹时，可在1500米距离上击穿40毫米厚装甲。主炮左侧有1挺7.62毫米L37A1同轴机枪，炮塔前部两侧各有4部烟幕弹发射器。所有武器装备都是电动操纵，但主炮和同轴机枪也可手动控制。

"弯刀"装甲侦察车侧面视角

防护能力

"弯刀"装甲侦察车的底盘和炮塔与"蝎"式轻型坦克相同，采用铝合金装甲焊接结构，正面防护装甲可抵御14.5毫米穿甲弹攻击，侧面装甲能抗7.62毫米枪弹和炮弹破片的袭击。车后部有三防装置。

"弯刀"装甲侦察车前方视角

Chapter 4 空降车辆

机动能力

"弯刀"装甲侦察车的动力装置为1台5.9升康明斯BTA柴油发动机，最大功率为142千瓦。该车在无任何装备的情况下可涉水深达1.1米，车体顶部四周安装有浮渡围帐，可在5分钟内架好。水上靠履带推进和转向，水上速度达6.5千米/时，如安装推进器则可达9.5千米/时。

训练场上的"弯刀"装甲侦察车

十秒速识

"弯刀"装甲侦察车的外形与"蝎"式轻型坦克较为相似，车体每侧有5个负重轮，主动轮在前，诱导轮在后，没有托带轮。

"弯刀"装甲侦察车在泥泞路面行驶

德国"鼬鼠"空降战车

"鼬鼠"（Wiesel）空降战车是德国专为空降部队研制的一款轻型装甲战斗车辆，20世纪80年代开始服役，分为"鼬鼠1"和"鼬鼠2"两种型号。

基本参数	
全长	4.78 米
全宽	1.87 米
全高	2.17 米
重量	4.78 吨
最大速度	70 千米/时
最大行程	200 千米

研发历史

1971年，德国国防部对研制空降战车提出战术技术要求，要求该车重量尽量轻，尺寸尽量小，能用直升机装运或吊运。根据德国国防部的要求，共有5家公司提交了空降战车设计方案。1974年4月，德国国防技术与采购局选择了保时捷公司的研制方案。1975年10月，保时捷公司制造了一辆1∶1的木制模型车，至1977年，共生产6辆样车，并进行了试验。1983年11月，保时捷公司对2辆样车作了改进，还制造了2辆新样车。1989年，首批生产型"鼬鼠"空降战车交付德国陆军。20世纪90年代，改进型"鼬鼠2"空降装甲车问世。

Chapter 4 空降车辆

"鼬鼠1"空降装甲车

车体构造

"鼬鼠1"空降战车是一种动力前置式车辆,发动机在车体前部左侧,传动装置横置于发动机前方。"鼬鼠2"空降战车在"鼬鼠1"空降战车的基础上稍微加长了车身,车重稍有增加,行动部分增加了1对负重轮。"鼬鼠2"空降战车的战斗舱较大,能搭载3~5名步兵。

"鼬鼠1"空降战车结构图

攻击能力

"鼬鼠1"和"鼬鼠2"空降战车可根据变型车任务的不同选装多种武器,如7.62毫米机枪、12.7毫米机枪、反坦克导弹、20毫米机关炮、防空导弹、120毫米迫击炮等。

"鼬鼠2"空降战车侧前方视角

防护能力

"鼬鼠"系列空降战车的车体为钢装甲焊接结构,只能抵御7.62毫米枪弹的直接射击。"鼬鼠1"空降战车没有三防装置,而"鼬鼠2"空降战车可根据需要加装三防装置。

机动能力

"鼬鼠1"空降战车的发动机是大众汽车公司的水冷涡轮增压柴油发动机,最大功率为64千瓦。该车具有良好的陆上机动性,能爬31度的坡道,

Chapter 4 空降车辆

"鼬鼠 1"空降战车侧面视角

跨越1.2米宽的壕沟和0.4米高的垂直墙。"鼬鼠2"空降战车的发动机功率增至85千瓦,机动性能进一步增强。"鼬鼠1"和"鼬鼠2"空降战车都可由固定翼运输机空运,也可由CH-47和CH-53直升机吊运。

搭载小口径机枪的"鼬鼠2"空降战车

十秒速识

"鼬鼠"空降战车的车体前上装甲倾斜明显,发动机散热窗在左方,驾驶员舱盖在右方。车顶水平,车体侧面竖直,悬挂装置和车体上部之间有明显空隙。

搭载反坦克导弹的"鼬鼠1"空降战车

Chapter 5
越野车辆

越野车辆是指越野性能突出的轻装甲军用车辆，这些车辆的用途广泛，通常没有固定武器，可根据需要灵活加装不同种类的自卫武器或其他设备。

美国"悍马"装甲车

"悍马"装甲车是由美国汽车公司（AMC）于20世纪80年代设计制造的轮式装甲车，正式名称为高机动性多用途轮式车辆（High Mobility Multipurpose Wheeled Vehicle，HMMWV），其机动性、越野性、可靠性和耐久性都比较出色，并能很好地适应各种车载武器。

基本参数	
全长	4.57 米
全宽	2.16 米
全高	1.83 米
重量	2.34 吨
最大速度	113 千米/时
最大行程	563 千米

研发历史

1979年，美国汽车公司根据美国陆军在军事战略上的需求，开始研发美国陆军的专用车辆——高机动性多用途轮式车辆，以替代旧式车辆。1980年7月，原型车HMMWV XM966在美国内华达州的沙漠地区内历经各类严苛的测试后，取得美国陆军极高的评价。1983年3月22日，美国汽车公司与美国陆军装甲及武器指挥部签订高达120亿美元（制造数量为55000辆）

的生产合约。1985年1月2日起，首批"悍马"装甲车开始生产，并陆续交付美国陆军使用。此后，"悍马"装甲车的各种衍生型相继问世，逐渐形成一个大车族。

车体构造

"悍马"装甲车拥有一个可以乘坐4人的驾驶室和一个帆布包覆的后车厢。4个座椅被放置在车舱中部隆起的传动系统的两边，这样的重力分配，可以保证其在崎岖光滑的路面上有良好的抓地力和稳定性。车内每个座位下面都有一个小型储物箱。在副驾驶座的下面，则有一个2×12伏特的电池组和一个小储物箱，同时副驾驶座椅的前方还有一个北约制式电源插座。

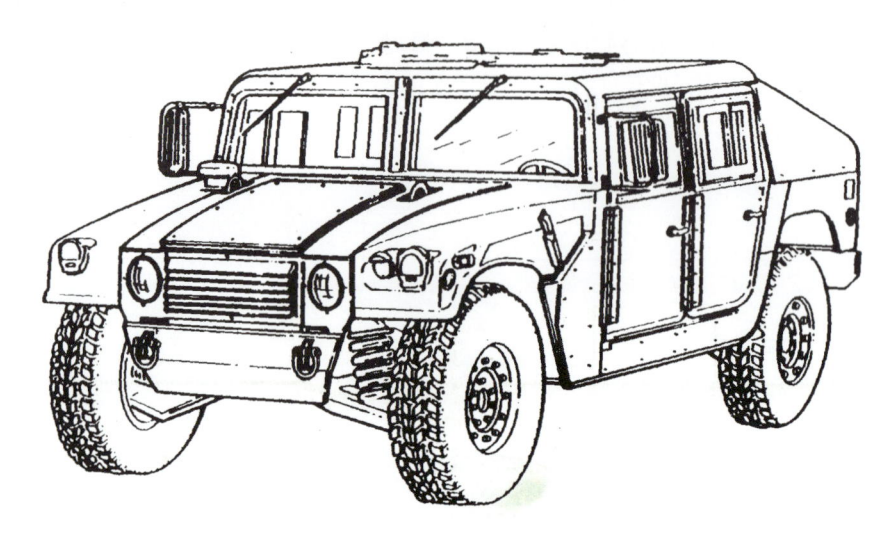

"悍马"装甲车结构图

攻击能力

"悍马"装甲车是一种具备特殊用途武器平台的轻型战术车辆，它可以改装成反坦克导弹、防空导弹、榴弹发射器、重机枪等各类武器发射平台或装备平台，美国陆军大多数武器系统均可安装在"悍马"装甲车上。

Chapter 5 越野车辆

防护能力

"悍马"装甲车的载重负荷可以在870～2404千克的极限载荷之间随意变化（美国军方通常限制在1250千克以内）。其中一般的军用车辆和"陶"式导弹发射车都装备标准装甲，另一些型号则包覆着更重的装甲，并在不断地升级。同时，一些车辆为满足美国海军陆战队的要求而安装了特殊辅助装甲，扩大装甲面积。

"悍马"装甲车侧后方视角

机动能力

"悍马"装甲车使用通用电气公司的1台6.2升8缸自然吸气直喷柴油发动机，整个动力系统（包括传动和驱动系统）都是移植自雪弗兰皮卡。该车的战术机动性能非常出色，可在各种复杂地形上高速行驶，最大越进速度超过80千米/时。"悍马"装甲车可由多种运输机或直升机运输并空投，具备一定的战略机动性。

"悍马"装甲车在沙漠中行驶

十秒速识

"悍马"装甲车采用4×4驱动形式,外观上棱角分明,车体每侧有两扇车门,车载武器通常架设在车顶中央,后车厢由帆布包覆或加装金属盖板。

美国 L-ATV 装甲车

L-ATV装甲车是美国奥什科什卡车公司研制的一款新型四轮装甲车，为美军"联合轻型战术车辆"（Joint Light Tactical Vehicle，JLTV）计划的胜出者，预计于2019年开始服役，逐步取代"悍马"装甲车。

基本参数	
全长	6.25 米
全宽	2.5 米
全高	2.6 米
重量	6.4 吨
最大速度	110 千米/时
最大行程	480 千米

研发历史

从20世纪80年代"悍马"装甲车在美军服役后，其各方面性能得到了战争的验证，尤其是越野性能，更是无与伦比，致使其他公司的同类车辆无法撼动它在美军中的地位。另外，美军为了能有更好的装甲车，同时需要加大国内军工企业的竞争，以此来获得最优秀的装备，所以在"悍马"装甲车服役后，仍在不断寻求新型装甲车，"联合轻型战术车辆"计划就是为了取代"悍马"装甲车而提出。

"联合轻型战术车辆"计划始于2005年，到2012年3月，英国宇航系统公司、通用动力公司、洛克希德·马丁公司、奥什科什卡车公司、美国汽车公司、纳威司达·萨拉托加公司等多家企业都提出了自己的JLTV方案。2012年8月，美国陆军和海军陆战队选定洛克希德·马丁公司、奥什科什卡车公司和美国汽车公司的提案进入工程和制造发展阶段。在经过对比测试之后，美国陆军于2015年8月宣布由奥什科什卡车公司的L-ATV装甲车得标。美国陆军计划在2040年以前装备5万辆L-ATV装甲车，美国海军陆战队计划装备5500辆。

▶ 车体构造

L-ATV装甲车基本分为2座车型和4座车型，与"悍马"装甲车相比，L-ATV装甲车的配置更加先进。

Chapter 5 越野车辆

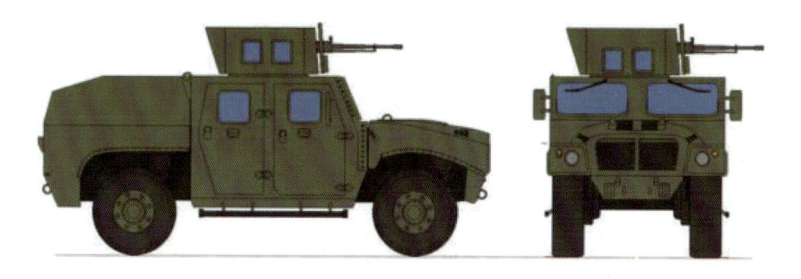

L-ATV 装甲车结构图

攻击能力

L-ATV装甲车的车顶可以搭载各种小口径和中等口径的武器，包括重机枪、自动榴弹发射器、反坦克导弹等。此外，还可安装烟幕弹发射装置。

防护能力

与"悍马"装甲车相比，L-ATV装甲车可装配更多的防护装甲，标准版车型拥有抗雷爆能力，配备了简易爆炸装置（IED）检测装置。L-ATV装甲车不仅可抵御步枪子弹的直接射击，还能在数千克TNT当量的地雷或简易爆炸装置的袭击下最大限度地降低乘员的伤亡。可与赛车相提并论的乘员防护设计，使L-ATV装甲车即便遭遇严重损毁，驾驶员仍能平安离开驾驶舱。除了浑身上下的厚重装甲，L-ATV装甲车在需要时还能搭载主动防御系统，使之免遭反坦克火箭筒的致命威胁。

机动能力

L-ATV装甲车采用6.6升866T型涡轮增压柴油发动机，最大功率为224千瓦。即使L-ATV装甲车的重量超过"悍马"装甲车，但同样能达到110千米/时的速度。L-ATV装甲车采用电子调节的TAK-4i独立式悬挂系统，可在实战越野时装配20寸的轮胎，以获得更出色的脱困能力。与"悍马"装甲车一样，L-ATV装甲车也可以通过直升机进行运输。

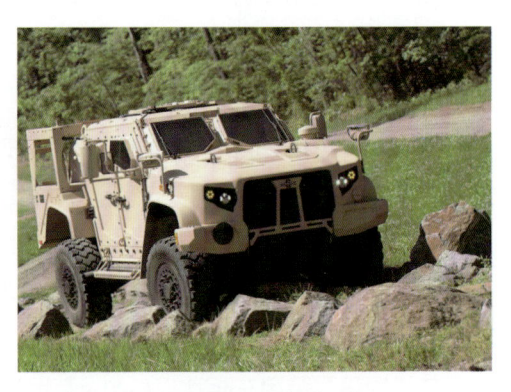

L-ATV装甲车进行越野测试

Chapter 5 越野车辆

十秒速识

L-ATV装甲车采用4×4驱动形式,车身装有高强度装甲,大尺寸的进气格栅非常显眼。

俄罗斯"虎"式装甲车

"虎"（Tiger）式装甲车是俄罗斯嘎斯汽车公司于21世纪初研制的一款轮式轻装甲越野车，2006年开始服役。

研发历史

基本参数	
全长	5.7 米
全宽	2.4 米
全高	2.4 米
重量	7.2 吨
最大速度	140 千米/时
最大行程	1000 千米

在第一次车臣战争（1994—1996年）期间，俄罗斯军队装备的BTR系列装甲车以及UAZ-469B系列轻型指挥车，在车臣叛军RPG火箭弹、DShK重机枪等火力的围攻下损失惨重。1997年，俄罗斯军队装备部门着手研发一款类似美军"悍马"装甲车的轮式轻型装甲车，以便执行从远东、西伯利亚平原至外高加索地区甚至广袤的中东沙漠等地区，执行城市反恐和丘陵地区突击等反恐作战任务。新型装甲车的研发任务由嘎斯汽车公司承担，其成果就是"虎"式装甲车。该车于2006年正式服役，至2014年约有4万台"虎"式装甲车成为俄罗斯军队制式装备，有不同的改型车充当警用车、特种攻击车、反坦克发射车以及通信指挥车。

"虎"式装甲车编队

Chapter 5 越野车辆

车体构造

"虎"式装甲车采用前置动力、四轮驱动的设计,前发动机舱外壳采用一体化带装甲防护的车身结构。前格栅与侧梁采用焊接总成形式安装到前纵梁与侧围上。前格栅采用双层带防护内板结构,可对散热器进行二次保护。前格栅和侧梁焊接在一起,不仅可以提高防护能力,更重要的是便于动力总成从车身整体吊装。如果有必要,可将发动机(包括散热器冷凝器)以及变速器整体吊装进行更换或维修。

"虎"式装甲车采用非承载式车身,即车身与大梁两个单独架构。动力总成和悬架固定在大梁上,车身也装配在大梁上。虽然整车重量提高了很多,但是从安全性和可靠性上提升了更多。"虎"式装甲车可以搭载10名全副武装的步兵,有效载荷为1.5吨。

攻击能力

"虎"式装甲车可以搭载多种武器,包括7.62毫米PKP通用机枪、12.7毫米Kord重机枪、AGS-17型30毫米榴弹发射器、"短号"反坦克导弹发射器等。其中,"短号"反坦克导弹发射器安装在可升降的平台上,车上还配有电视/红外瞄准具,集成了高分辨率电视摄像机、第三代热像仪、内置式激光测距机和激光导弹制导通道,带自动目标跟踪功能的瞄准系统,使得"虎"式装甲车在反坦克作战时实现了"发射后不管"。

搭载"短号"反坦克导弹发射器的"虎"式装甲车

防护能力

与俄罗斯之前的越野车相比,"虎"式装甲车的装甲防护得到了极大的加强,整车更是配置了核生化三防系统。"虎"式装甲车的车体由厚度为5毫米、经过热处理的防弹装甲板制成,可有效抵御轻武器和爆炸装置的攻击。

Chapter 5 越野车辆

机动能力

早期生产的"虎"式装甲车搭载康明斯B180型6缸涡轮增压柴油发动机，最大功率为130千瓦。在此之后，根据改型车的不同工作环境和战术应用，嘎斯汽车公司为"虎"式装甲车选装了康明斯B214型柴油发动机（最大输出功率180千瓦），以及由嘎斯汽车公司自行生产的GAZ 562型涡轮增压柴油发动机（最大输出功率147千瓦）。采用GAZ 562发动机的"虎"式装甲车配备了6速手动变速器，四驱系统为嘎斯汽车公司的全时四驱系统。在不经过准备的前提下，"虎"式装甲车的涉水深度在1米左右，而经过防水处理后，涉水深度将会达到1.5米。

"虎"式装甲车进行越野测试

十秒速识

"虎"式装甲车的外观由于不同需求、不同配置，因而有部分差异，但总体上相对紧凑，在整体轮廓上有着强烈的"悍马"装甲车的痕迹，但是发动机舱盖开启方式与"悍马"装甲车截然不同，为正向由前向后开启。发动机舱盖采用圆弧过渡处理。"虎"式装甲车的前风窗由两片完全独立的防弹玻璃构成，每扇玻璃都配置了一具雨刷器。

英国"撒拉森"装甲车

Chapter 5 越野车辆

"撒拉森"（Saracen）装甲车是英国阿尔维斯汽车公司于20世纪50年代研制的一款六轮装甲车，编号为FV 603。

研发历史

"撒拉森"装甲车是阿尔维斯汽车公司生产的FV 600系列装甲车之一，采用与FV 601"撒拉丁"装甲车相同的底盘，而悬挂系统、发动机、传动装置和制动系统有所改良。1952年，"撒拉森"装甲车Mk 1型开始批量生产。该车有多种改进型，包括Mk 2（炮塔为两门式设计，后方炮塔门可折叠成车长专用座位）、Mk 3（装有水冷装置以适应炎热气候）、Mk 5（Mk 1或Mk 2加装额外装甲的版本）和Mk 6型（Mk 3加装额外装甲的版本）等。

除英国外，澳大利亚、尼日利亚、斯里兰卡、南非、约旦、泰国和科威特等国也装备了"撒拉森"装甲车。截至1993年，"撒拉森"装甲车从英国陆军退役，但仍在其他国家继续服役。截至2017年7月，该车仍大量在役。

基本参数	
全长	4.8 米
全宽	2.54 米
全高	2.46 米
重量	11 吨
最大速度	72 千米/时
最大行程	400 千米

车体构造

"撒拉森"装甲车的驾驶员位于驾驶舱的前部，车长在驾驶员左后方，无线电操作员位于驾驶员右后方。动力舱在车体前端，水平散热窗一直延伸至车前轮后方。载员舱在驾驶舱后方，8名士兵面对面分坐在两侧。载员舱车顶升高至车尾，车体装甲稍微向内倾斜。

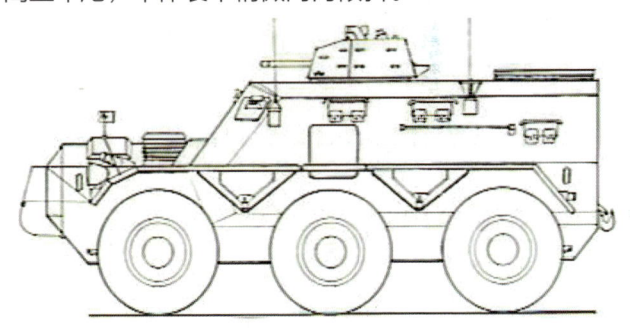

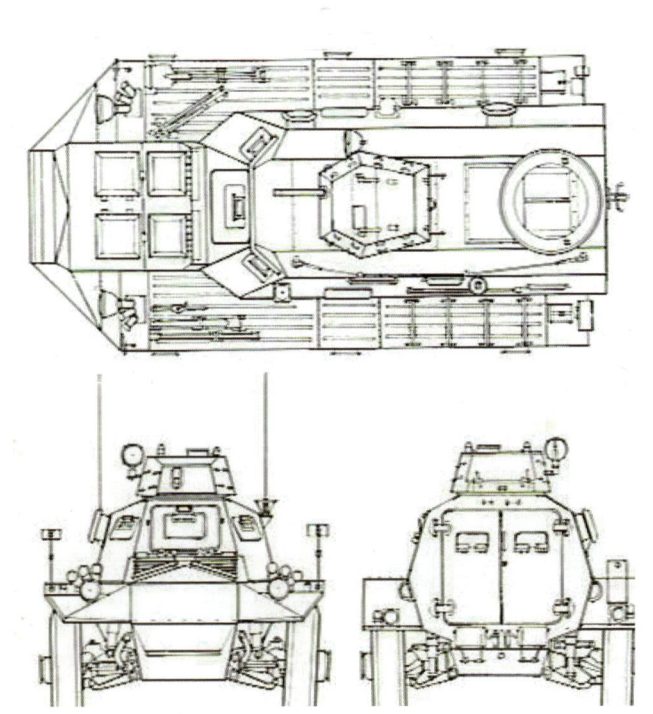

"撒拉森"装甲车结构图

Chapter 5 越野车辆

攻击能力

"撒拉森"装甲车在英国陆军中主要用作装甲运兵车、装甲指挥车及装甲救护车用途,一般情况下,"撒拉森"装甲车的车体上装有小型旋转炮塔,炮塔上有1挺7.62毫米L3A4(M1919)同轴机枪,炮塔可手动旋转360度,机枪俯仰范围为-12度至+45度。此外,还有1挺用于平射及防空的7.7毫米"布伦"轻机枪。

"撒拉森"装甲车侧后方视角

防护能力

"撒拉森"装甲车的车体装甲厚16毫米,可抵御小口径枪弹的射击和炮弹破片的伤害。

机动能力

"撒拉森"装甲车采用6×6驱动形式,装有1台劳斯莱斯B80 Mk.6A汽油发动机,最大功率为119千瓦。该车的最大越野速度为32千米/时,最大平地速度为72千米/时,最大行程为400千米。

215

"撒拉森"装甲车侧面视角

"撒拉森"装甲车在山区行驶

Chapter 5 越野车辆

十秒速识

"撒拉森"装甲车的载员舱两侧各有3个矩形射击孔,车体后部有两扇向外开的车后门,车门上各有一个矩形射击孔。车体两侧各有3个等距车轮,机枪炮塔在车顶中央。

"撒拉森"装甲车侧前方视角

法国 VBL 装甲车

VBL装甲车是法国于20世纪80年代研制的轻型轮式装甲车,具有一定的装甲防护能力,在战场上担任的角色类似于美军"悍马"装甲车。

基本参数	
全长	3.8 米
全宽	2.02 米
全高	1.7 米
重量	3.5 吨
最大速度	95 千米/时
最大行程	1000 千米

研发历史

20世纪80年代中期,法国军队需要一种新的步兵机械化车辆,以取代现役的老旧载具。针对这一需求,法国军队展开了"轻型装甲车辆"项目,设计一种轻型四轮装甲车,即VBL装甲车。1990年,VBL装甲车开始批量生产。该车的变型车较多,除装甲侦察车、装甲运兵车外,还有指挥车、国内安全车、防空车、通信车、雷达车、弹药输送车、反坦克车等型号。除装备法国军队外,VBL装甲车还出口到希腊、墨西哥、阿曼苏丹、葡萄牙和科威特等国家。

法国陆军装备的 VBL 装甲车

车体构造

VBL装甲车的车体为全焊接钢结构，发动机在车体前部，乘员舱在车体后部。驾驶员位于乘员舱的前部左侧，右侧是车长。驾驶员有一具应急潜望镜，驾驶员和车长顶上各有一个舱盖。乘员舱的后半部分侧面均为斜面，顶上有单扇圆舱盖，车尾有大车门。

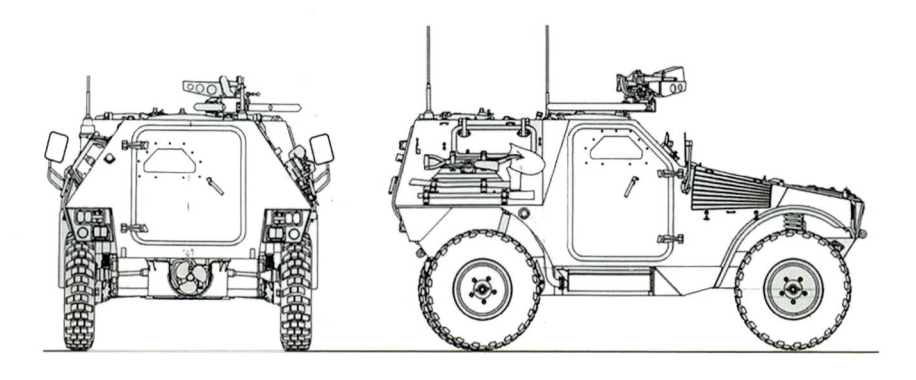

VBL 装甲车结构图

攻击能力

VBL装甲车有很好的武器适应性，可根据部队需要装备多种不同类型的武器系统。VBL装甲车的车顶上装有可360度回旋的枪架和枪盾，能安装多种轻机枪或重机枪（如FN Minimi轻机枪、M2重机枪等），以及"米兰"反坦克导弹发射器等。

防护能力

VBL装甲车体型较小，重量较轻，车上装有三防装置，车体装甲能抵挡7.62毫米子弹和炮弹破片的袭击。

VBL 装甲车的驾驶席

VBL 装甲车正面视角

Chapter 5 越野车辆

▶ 机动能力

　　VBL装甲车的机动性强，采用四轮驱动，安装有1台标致XD3T涡轮增压柴油发动机，最大功率为70千瓦。VBL装甲车的公路最大速度为95千米/时，内部和外部燃料装置能保证其约1000千米的最大行程。VBL装甲车装置有水上推进系统，具有两栖能力，车辆经两分钟准备便可入水，在水上由后部的单个推进器驱动。VBL装甲车的体积较小，便于使用C-130、C-160或A400M等运输机空运。

▶ 十秒速识

　　VBL装甲车的车体每侧有一扇车门，车门上部装有防弹玻璃窗。VBL装甲车的前风窗由两片完全独立的防弹玻璃构成，每扇玻璃都配置了一具雨刷器。

221

法国 VAB 装甲车

VAB装甲车是法国军队的现役主力轮式装甲车，1976年开始服役，其构型有4×4型和6×6型两种，衍生型极多。

研发历史

20世纪60年代末，法国决定陆军中的机械化部队装备AMX-10P履带式步兵战车，其他陆军部队配备轮式装甲人员输送车，并于1969年对轮式装甲人员输送车提出了设计要求。1972—1973年，法国雷诺汽车公司根据上述要求，设计出VAB样车。1974年，法国对VAB装甲车进行了一系列战术、技术试验。1976年，第一批生产型VAB装甲车交付法国陆军。此后，该车相继出口到意大利、卡塔尔、印度尼西亚、摩洛哥、科威特等国家。

基本参数	
全长	5.98 米
全宽	2.49 米
全高	2.06 米
重量	13.8 吨
最大速度	110 千米/时
最大行程	1200 千米

Chapter 5　越野车辆

阿富汗战场上的 VAB 装甲车

▎车体构造

　　VAB装甲车的车体前部是驾驶舱，左侧是驾驶员位置，右侧是车长位置。驾驶舱后面是动力舱，配备了独立的灭火系统。车体后部是载员舱，里面可容纳10名全副武装的士兵，从后门上下车。

VAB 装甲车的驾驶舱

攻击能力

VAB装甲车的车载武器是安装在车长上方顶甲板的CB52枪塔,配备1挺7.62毫米AA-52通用机枪。机枪俯仰范围为-15度至+45度,对空时俯仰范围可为-20度至+80度。另外,还可安装TLi52A枪塔,配备1挺12.7毫米M2HB机枪。该车的出口型可根据订货方的要求安装其他武器,包括导弹和火炮等。

VAB 装甲车侧面视角

防护能力

VAB装甲车的车体由高强度钢板焊接而成,能够抵挡100米距离内的7.62毫米枪弹和弹片的杀伤。法军装备的VAB装甲车都有三防装置,出口型可根据订货方的要求安装。

Chapter 5 越野车辆

VAB 装甲车的载员舱

机动能力

　　VAB装甲车的动力装置原来为德国曼公司的D2356 HM72型直列6缸水冷柴油发动机，最大功率为162千瓦。从1984年起，换装了雷诺汽车公司生产的MIDR 06.20.45型6缸水冷涡轮增压柴油发动机，最大功率为235千瓦。VAB装甲车有足够的浮渡能力，水上行驶时，竖起车前防浪板，并靠在车后两侧的喷水推进器推进。

VAB 装甲车正前方视角

225

十秒速识

VAB装甲车的车体前端呈楔形，向下倾斜至车底。车顶水平，车尾与地面垂直，有两扇较大的后门。车体两侧上部装甲向内倾斜，前部各有一个带有窗口的车门，后部各有3个向上开启的通风百叶窗，排气管在车尾右部。4×4车型车体两侧各有2个橡胶车轮，6×6车型车体两侧各有3个等距车轮。

日本73式吉普车

Chapter 5 越野车辆

73式吉普车是日本三菱重工研制的一款军用吉普车，于1973年开始服役。

研发历史

基本参数	
全长	4.14 米
全宽	1.76 米
全高	1.97 米
重量	1.94 吨
最大速度	135 千米/时
最大行程	450 千米

20世纪70年代，日本自卫队需要一款替代老式军用轻型卡车的小型车辆。于是，三菱重工生产了一款威利斯吉普授权的轻型越野指挥车。经过测试定型后，于1973年进入日本自卫队服役并命名为73式吉普车。1997年，三菱重工推出了新款73式吉普车。老款73式吉普车的外观与美军威利斯吉普外观相似，而新款73式吉普车的外观则为全新研发。73式吉普车既能装载各种重物，也可牵引火炮，使用率比高机动车还高。截至2017年7月，73式吉普车仍在服役。

老款 73 式吉普车

车体构造

73式吉普车采用三门六座（最后第三排座椅为横向折叠设计，较前两排座椅尺寸较小）设计，前风窗框架可向前翻倒（或拆除），车顶软棚以及前后车门上半部可拆卸，便于空投和空运。73式吉普车采用三幅式方向盘，双炮筒仪表，拥有空调设备，全车所有灯具均可单独更换。除驾驶员外，该车还可运载5名士兵。

73式吉普车的仪表盘

攻击能力

73式吉普车的固定武器是1挺7.62毫米FN Minimi机枪，也可换装为其他机枪，或者换装反坦克导弹、无后坐力炮和榴弹发射器等武器。

搭载12.7毫米机枪的73式吉普车

◆ Chapter 5 越野车辆

防护能力

　　73式吉普车的车体为全钢制造，可加装防弹钢板。该车的密闭式车体能增强乘员的安全感和减轻疲劳感，还能防护一些化学武器的伤害。

73式吉普车侧后方视角

机动能力

　　73式吉普车使用较为舒适的前双A臂悬挂，配合18寸横滨车胎与钢制轮毂，在铺装路面上的稳定性较好。该车使用了一套四速自动变速器，搭载4缸涡轮增压柴油发动机，并采用三菱重工"超选四驱"系统，带有差速锁功能，通过性较高。

敞篷版的73式吉普车

十秒速识

73式吉普车的翼子板上装有防空灯，前保险杠上装有前雾灯，前进气格栅两侧对应布置了近光灯、转向灯和行车灯。该车采用非承载车身，车身钣金缝隙较大。

73式吉普车侧前方视角

日本高机动车

230

Chapter 5 越野车辆

高机动车是日本丰田汽车公司为日本陆上自卫队研制的一款军用车辆，又被称为"疾风"或"日本悍马"。

基本参数	
全长	4.91 米
全宽	2.15 米
全高	2.24 米
重量	2.9 吨
最大速度	125 千米/时
最大行程	443 千米

研发历史

20世纪80年代后期，看到美军"悍马"装甲车的出色表现，日本决定由丰田汽车公司研发一款具有相似性能的通用指挥车。1992年，丰田完成了一款名为高机动车的通用军车。1993年，高机动车率先装备日本陆上自卫队富士教导学校。截至2017年7月，该车仍在服役。

车体构造

高机动车采用四门设计，除了主副驾驶室的车门外，还有车尾对开的尾门。该车将底盘零部件裸露在外，而且在尾部提供了上车踏板。这种设计的好处在于提高了部队的机动性与车辆的维修便捷性。高机动车的轴距为3396毫米，前后轮距分别为1795毫米和1775毫米，离地间隙为420毫米，接近角49度，离去角45度，通过角33度，倾斜角50度。

高机动车的载员舱

▮▮▮ 攻击能力

　　高机动车搭载的武器以小口径武器为主，通常是1挺7.62毫米FN Minimi机枪。该车也可以根据需要安装其他武器，如地对空导弹、榴弹发射器、烟幕弹发射器等。

搭载96式多用途导弹的高机动车

Chapter 5　越野车辆

防护能力

高机动车采用了多层次玻璃纤维真空成型车身，内部有一层防弹贴装可防小型武器和弹片，实际使用时也可外挂装甲。

高机动车正面视角

机动能力

高机动车的动力装置为丰田15B-FTE柴油发动机，排量为4.1升，最大功率为125千瓦，带废气涡轮增压器和中冷器。刹车系统采用了位于驱动轴上的四轮通风碟刹，不但保证了刹车性能，也有利于在恶劣地形下对刹车系统的保护。高机动车配备普利司通大尺寸全地形漏气保用轮胎，抓地力强，可轻松跨过沟渠。

高机动车的仪表盘

十秒速识

由于参照了"悍马"装甲车的设计理念,高机动车的车身外形与"悍马"装甲车大致相当。

高机动车侧面视角

Chapter 6
运输车辆

　　运输车辆是指用于运送作战人员、武器装备、食物、油料和弹药等补给品的军用车辆,通常没有配备武器,但具有出色的战术和战略机动性。

美国重型增程机动战术卡车

重型增程机动战术卡车（Heavy Expanded Mobility Tactical Truck，HEMTT）是美国奥什科什卡车公司设计并制造的八轮越野卡车系列，昵称为"龙卡车"（Dragon Wagon）。

研发历史

重型增程机动战术卡车的研制并计划始于20世纪80年代初，1981年设计定型，1982年开始批量生产并进入美国陆军服役，用以替换老旧的M520卡车。重型增程机动战术卡车的型号较多，基型车为M977货车，其他车型还有M978油罐车、M983牵引车、M984救援车、M985货车、M1120装载系统、M1977通用桥梁运输车等。此外，另有一些10×10版本用于"托盘式装载系统"（Palletized Load System，PLS）计划。美国海军陆战队使用的型号被称为

基本参数	
全长	10.39 米
全宽	2.44 米
全高	3.02 米
重量	19.3 吨
最大速度	100 千米/时
最大行程	483 千米

Chapter 6 运输车辆

"物流载具系统"(Logistic Vehicle System Replacement, LVSR)。20世纪90年代,为提高后勤运输车辆性能并节省经费,美国陆军与奥什科什卡车公司对美军在役的重型增程机动战术卡车进行了升级改造。截至2017年7月,重型增程机动战术卡车仍在生产。

M977 货车侧面视角

M978 油罐车侧前方视角

车体构造

重型增程机动战术卡车充分利用经过验证的民用车部件,如驾驶室、发动机和变速箱等,车辆易于保养,各车型之间的主要零部件可以互换。该车的车架采用合金钢制造,双门两座驾驶室采用极其耐用的钢焊接结构,并采用耐腐蚀蒙皮。驾驶室后装有备胎架。基型车M977货车的尾部有一个轻型随车吊臂,带有货箱。

M977货车侧前方视角

运输能力

M977货车和M985货车均配有液压吊臂,有效载荷为9.1吨;M978油罐车可运输9460升油料,并具有直升机加油能力;M983牵引车可作为"爱国者"导弹等火力平台,或搭载大型雷达等展开型装备;M984救援车有战车维修能力和拖拉能力;M1977通用桥梁运输车使用桥梁接头托盘可以装载、铺设和撤收带式舟桥,当装备有绞盘后,能用于控制铺设桥梁。

Chapter 6　运输车辆

M1977 通用桥梁运输车侧前方视角

机动能力

　　重型增程机动战术卡车采用卡特彼勒 C15柴油发动机，最大功率为384千瓦。与发动机相匹配的是艾里逊4500SP五速自动变速箱、华兰德ADS-240前悬挂和华兰德AD-246后悬挂。该车可加注587升燃油，最大速度可达100千米/时。重型增程机动战术卡车各种型号都可以使用C-130以上载运能力的运输机空运，大大增强了战略机动能力。

M1120 装载系统侧面视角

十秒速识

重型增程机动战术卡车的车体每侧各有4个负重轮,容量较大的油箱在车体左侧。车头正面上半部分和下半部分均有一定的倾斜角度,上半部分的挡风玻璃由两块独立的方形玻璃组成,各配有一副雨刮。

M985 货车侧后方视角

美国 M1070 重型装备运输卡车

Chapter 6 运输车辆

M1070重型装备运输卡车是美国奥什科什卡车公司设计并制造的重型装备运输卡车，1992年开始服役。

研发历史

基本参数	
全长	9.68 米
全宽	2.59 米
全高	3.71 米
重量	108.5 吨
最大速度	81 千米/时
最大行程	724 千米

20世纪90年代初，美国陆军为了完成M1"艾布拉姆斯"主战坦克的运输任务，向奥什科什卡车公司订购了M1070重型装备运输卡车。该车于1992年开始批量生产，先后有M1070A0、M1070A1、M1070F、M1070 HET等型号问世。M1070重型装备运输卡车的出现也取代了此前奥什科什卡车公司设计的M911重型牵引车和M747半挂车的组合。截至2017年7月，M1070重型装备运输卡车仍然在美国陆军服役，并出口到英国、埃及、以色列、摩洛哥、沙特阿拉伯、阿联酋和约旦等国家。

美国陆军使用M1070重型装备运输卡车运送步兵战车

车体构造

M1070重型装备运输卡车是由8轮驱动的M1070牵引车和M1000半挂车组合而成。M1070牵引车具备较强的越野性能，适应战场上恶劣的地形环境。M1000半挂车拥有自动操作轴荷随负载变化的液压悬挂系统。M1070重型装备运输卡车各个版本总体上的差别不大，M1070A0采用长车头设计，全封闭驾驶室为高强度材料制造，内部能够乘坐6人。驾驶室后带有可拆卸的备用轮胎。M1070A1的车体长度略有增加，宽度不变，而高度略有降低。前脸处进行了小的调整，进气格栅的面积有所减少。同时增加了防抱死制动系统（ABS），采用了德纳的中央轮胎充气系统。M1070F后部的半挂车不再是常见的5轴，而是7轴形式，大灯由圆形变为矩形。M1070 HET不再是8×8型的驱动方式，而采用了6×6型的驱动方式，可以看成是M1070A1的缩小版。

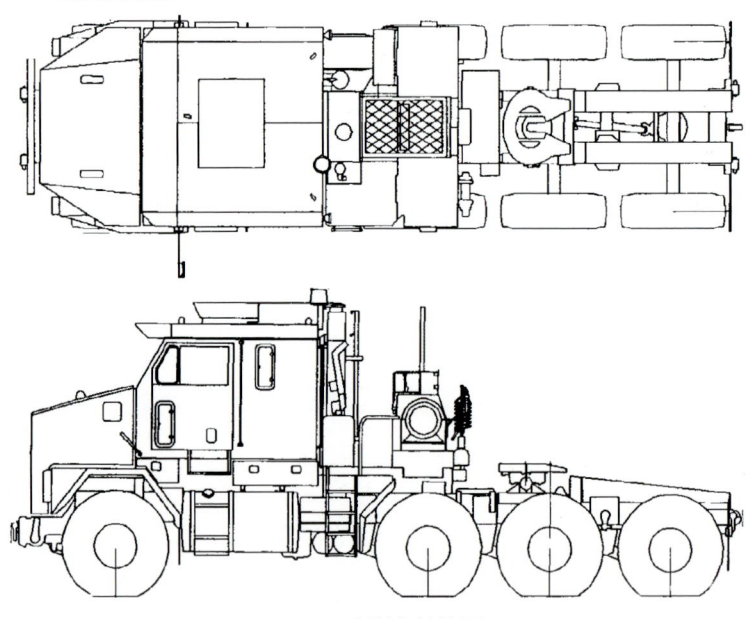

M1070牵引车结构图

Chapter 6 运输车辆

M1070 牵引车侧前方视角

运输能力

M1070重型装备运输卡车的主要使命是运输M1"艾布拉姆斯"主战坦克，此外还能够运输装甲车、自行榴弹炮等重型车辆设备。该车配备了一个负荷能力达25吨的绞车作为装卸辅助设备。M1070A0的有效载荷为70吨，M1070A1和M1070F的有效载荷为75吨，而M1070 HET的有效载荷为65吨。

防护能力

由于主要作为运输用途，M1070重型装备运输卡车并没有特别强化防护能力。从M1070A1开始，M1070重型装备运输卡车加装了装甲驾驶室，以保护乘员的安全。

机动能力

M1070A0搭载12.06升的底特律8V92TA-90柴油发动机，最大输出功率为368千瓦，最大扭矩为1993牛米。与发动机相匹配的是艾里逊CLT-754五速自动变速箱，以及TC-496液力变矩器。M1070A1换装为功率更大的卡特彼勒C18柴油发动机，最大功率达到了515千瓦，排量为18.01升，匹配了艾里逊七速自动变速箱，带有TC-496液力变矩器以及奥什科什卡车公司的单速分动箱。M1070F和M1070 HET都采用了和M1070A1一样的卡特彼勒C18柴油发动机。为了适应多种地形环境，M1070重型装备运输卡车选用了越野型轮胎，轮胎带有中央充放气系统，可实时调节轮胎充气量应对不同的地形条件，后部的三轴轮胎采用气囊减震悬挂，减少了行驶中颠簸。

Chapter 6 运输车辆

十秒速识

M1070重型装备运输卡车的车头较长,进气格栅尺寸较大。牵引车有8个车轮,车体每侧各有4个,第一个车轮和后三个车轮之间的间隔较大,后三个车轮之间的间隔相同。半挂车有20个车轮,车体每侧各有5对车轮。

空载状态的 M1070 重型装备运输卡车

俄罗斯乌拉尔 4320 卡车

乌拉尔4320（Ural 4320）卡车是苏联乌拉尔汽车厂生产的一款军用卡车，于1977年开始服役。

研发历史

乌拉尔4320卡车是较早的乌拉尔375D系列卡车（使用汽油发动机）的进一步发展型，1977年开始批量生产并装备部队。该车有着极高的可靠性，便于修理和保养。经过不断的发展，如今乌拉尔4320系列卡车已有约150种变型车，其中许多车型为商业应用型。截至2017年7月，乌拉尔4320卡车仍在生产。

基本参数	
全长	7.37 米
全宽	2.5 米
全高	3 米
重量	15.3 吨
最大速度	82 千米/时
最大行程	450 千米

◦ Chapter 6　运输车辆

乌拉尔 4320 卡车（6×6 型）侧前方视角

车体构造

　　乌拉尔4320卡车分为6×6和4×4两种类型。其中，6×6军用系列有5种车型，均有标准的侧卸载货车体以及4座驾驶室。该车前桥的悬挂系统使用了钢板弹簧配合两个弹簧液压伸缩式减震器，这样的减震系统有助于车辆在崎岖道路行驶时能够快速消除钢板弹簧的震动，从而使得车辆平稳行驶。顶置的前桥差速器并联着下方的减速器。转向助力系统采用了机械式液压转向助力器机构。与很多越野卡车不同，乌拉尔4320卡车的差速器与减速器采用集成的设计，而不是前置。后桥的限位装置不在减震部位上，而是安装到了半轴套管上。

　　乌拉尔4320卡车的车架纵梁采用等截面封闭盒型断面，看上去十分简陋。挡风玻璃使用了分段式曲面玻璃，有助于开阔视野。与其他卡车不同，乌拉尔4320卡车的前部玻璃为密封状态，无法进行前后开关。

乌拉尔4320卡车（6×6型）在泥泞路面行驶

运输能力

乌拉尔4320卡车可以在各种道路和地形上运输货物、人员和拖挂拖车。另外，该车也可作为BM-21火箭炮的发射平台。乌拉尔4320卡车6×6车型的有效载荷为6～12吨，而4×4车型的有效载荷为5.5吨。

乌拉尔4320卡车（4×4型）侧面视角

Chapter 6 运输车辆

防护能力

由于主要用于物资运输和火炮牵引等用途,乌拉尔4320卡车并不具备装甲防护能力。不过,由于俄罗斯气候寒冷,乌拉尔4320卡车的驾驶室内部安装了暖风系统,以防乘员被冻伤。

机动能力

乌拉尔4320卡车主要搭载排量11.2升的YaMZ-236M2 V6柴油发动机或14.9升的YaMZ-238M2 V8柴油发动机,配备五速手动变速箱和双速分动器。该车的底盘有很好的通过能力,因此它可以在难以修筑道路的沙漠地区或多岩石的地区使用。

乌拉尔4320卡车（6×6型）正前方视角

乌拉尔4320卡车（6×6型）在雪地行驶

249

十秒速识

乌拉尔4320卡车从头到尾几乎都是金属结构,除了简朴、坚固的保险杠上方的橡胶防滑垫,完全看不到塑料质感的零件出现。20世纪90年代以前的乌拉尔4320卡车的车灯位于保险杠上方,而之后的都是位于车轮上方的翼子板前部。竖立的八棱发动机进气格栅,以及位于引擎盖右侧的空气滤芯,这是乌拉尔4320卡车最显眼的外形特征。

英国"平茨高尔"高机动性全地形车

Chapter 6 运输车辆

"平茨高尔"（Pinzgauer）高机动性全地形车是一款轮式全地形车，有4×4和6×6两种版本。

研发历史

"平茨高尔"高机动性全地形车于1965年开始研制，1971年开始量产，最初由奥地利斯泰尔-戴姆勒-普赫公司生产，2000年起由英国车辆技术公司在英国进行生产，独特的底盘结构使其在越野能力上堪称一流。截至2017年7月，"平茨高尔"高机动性全地形车仍在生产，并已被英国、奥地利、美国、阿根廷、玻利维亚、塞浦路斯、黎巴嫩、立陶宛、马来西亚、新西兰、马其顿、沙特阿拉伯、塞尔维亚、瑞典、委内瑞拉等国的军队采用。

基本参数	
全长	5.31 米
全宽	1.8 米
全高	2.16 米
重量	2.05 吨
最大速度	110 千米/时
最大行程	400 千米

"平茨高尔"高机动性全地形车（4×4型）侧前方视角

车体构造

"平茨高尔"高机动性全地形车采用全合金的中央管状车架，传动系统内藏于管状车架内。4×4车型采用四轮全独立悬挂系统，前轮配弹簧圈和油压避震筒，后轮配双弹簧圈和油压避震筒。6×6车型的前轮与4×4车型一样，后轮除了油压避震筒外，用叶片将第二组、第三组车轮连接。为进一步加强越野性能，"平茨高尔"高机动性全地形车的前后桥都有机械式差速器，差速器由双减速齿轮传动，并附有机械锁死功能。另外，该车还有多个中央差速器。

"平茨高尔"高机动性全地形车的驾驶席

"平茨高尔"高机动性全地形车的载员舱

Chapter 6 运输车辆

防护能力

得益于中央管状车架设计,"平茨高尔"高机动性全地形车在沼泽地或海边行驶时,传动轴不会直接碰到海水,在山地越野时传动轴也不会碰到岩石,减少了故障率及增加车辆性能的可靠性。该车在车桥与车轮间采用低一级齿轮设计,使离地间隙增至335毫米,在复杂地形行驶时不易损伤车底零部件。"平茨高尔"高机动性全地形车的车身和电路密封性好,因此可以涉水行驶。

"平茨高尔"高机动性全地形车(4×4型)侧后方视角

机动能力

"平茨高尔"高机动性全地形车早期搭载2.5升4缸风冷汽油发动机或大众2.4升6缸涡轮增压柴油发动机,后期换装了重量更轻、效率更高的大众2.5升柴油发动机和采埃孚自动传动装置,获得了极佳的加速性能,从零加速到80千米/时仅需15秒。与奔驰"乌尼莫克"卡车一样,"平茨高尔"高机动性全地形车也具有接近角大、动力强劲、动力分配好、轮胎抓地能力强、离地间隙大、涉水性能强等特点。

"平茨高尔"高机动性全地形车（6×6型）侧面视角

十秒速识

"平茨高尔"高机动性全地形车的外形棱角分明，挡风玻璃为整块平面玻璃，车头前端有钢制护板，大灯为圆形。

"平茨高尔"高机动性全地形车（6×6型）侧前方视角

德国乌尼莫克 U4000 卡车

乌尼莫克U4000卡车是德国梅赛德斯-奔驰公司生产的乌尼莫克军民两用卡车系列中的代表车型，有4×4和6×6两种版本。

基本参数	
全长	4.9 米
全宽	2.13 米
全高	2.19 米
重量	2.9 吨
最大速度	96 千米/时
最大行程	500 千米

研发历史

"乌尼莫克"卡车诞生于20世纪40年代中后期，其名称来源于德语"泛用自行机具"。该车最早的设计目的是低速农用牵引机，后由于"乌尼莫克"卡车卓越的越野性能，因此包括德国、瑞士、南非、荷兰和新西兰在内的80多个国家都把它用于军事用途，如改装成装甲运兵车或牵引坦克运载车。"乌尼莫克"卡车衍生型号极多，乌尼莫克U4000是其中颇具代表性的一种。

高速行驶的乌尼莫克 U4000 卡车（4×4 型）

乌尼莫克 U4000 卡车（4×4 型）编队在雪地行驶

车体构造

乌尼莫克U4000卡车采用全钢驾驶室，有两座单排驾驶室、三座单排

Chapter 6　运输车辆

驾驶室或六座双排座驾驶室可供选择。前排驾驶座位上设置了气悬减震座椅，而其他座位都没有减震功能。不过，乌尼莫克U4000卡车为后排乘客提供了两种模式的把手。为了让驾驶者更直观地查看四周的情况，该车配备了3面后视镜。较高的离地间隙意味着驾乘者都有着上下车不便的困扰，因此乌尼莫克U4000卡车设置了三级踏板和扶手。

乌尼莫克U4000卡车使用米其林公司为其打造的越野专用轮胎，尺寸达到了365/80R20。这种轮胎带有中央充气系统，可自动放气，以便行驶在沙漠等松软的路面上时降低胎压，增加轮胎接触地面的面积。乌尼莫克U4000卡车配备了专用的拖车钩，最高可拖曳其重量3倍的物品。

德国陆军装备的乌尼莫克 U4000 卡车（4×4 型）

机动能力

由于采用了"门式传动"（portal gear）技术，使得轮轴和传动轴的位置要高于轮胎中心，因此乌尼莫克U4000卡车拥有比一般"悍马"装甲车更高的离地距离。乌尼莫克U4000卡车还使用了柔性车架，车轮在垂直方向上有较大的活动空间，这样当车辆在异常崎岖的地形甚至是1米高的石头上行驶时仍能保持较为舒适的驾驶状态。

乌尼莫克U4000卡车的空滤高度几乎没过车顶，这是为了满足涉水需要而设计的。当车辆行驶在水中或泥泞路况时，标准版本的乌尼莫克U4000卡车可提供0.8米的涉水深度，通过选装，涉水深度可达到1.2米。发动机盖上黑色的部分是出水口，如果发动机舱进水，通过气压就能将发动机舱内部的水全部排出。另外，驾驶室上方的空调机也是为了在车辆涉水时不影响空调的正常工作。

乌尼莫克 U4000 卡车（4×4 型）在山地行驶

十秒速识

乌尼莫克U4000卡车的外观与一般卡车差异不大，方方正正的设计，没有流线型外观。隆起的前格栅与奔驰G级越野车颇为相似，中网硕大的奔驰标识非常显眼。该车采用方形的防护灯罩，灯罩具备可拆卸的功能。

Chapter 6 运输车辆

乌尼莫克 U4000 卡车（4×4 型）侧前方视角

德国"野犬"全方位防护运输车

"野犬"(Dingo)全方位防护运输车是德国国防军现役的一款军用装甲车,主要有"野犬1"和"野犬2"两种型号。

研发历史

基本参数	
全长	6.08 米
全宽	2.3 米
全高	2.5 米
重量	11.9 吨
最大速度	90 千米/时
最大行程	1000 千米

21世纪初,德国著名的军工企业——克劳斯-玛菲·威格曼公司自筹资金研制了一批装甲车辆,包括"拳师犬"装甲运兵车和"野犬"全方位防护运输车等。"野犬"全方位防护运输车使用乌尼莫克底盘,先后有"野犬1"和"野犬2"两种型号。与"野犬1"相比,"野犬2"的载荷和内部空间得到提高,能够执行更多任务,有人员输送车、救护车、货车、指挥控制车、防空车和前线观察车等多种车型。

2000年8月,克劳斯-玛菲·威格曼公司向德国国防军交付了首批"野犬"全方位防护运输车。之后,该车陆续出口到奥地利、比利时、捷克、挪威、伊拉克、卡塔尔、卢森堡等国家。截至2017年7月,"野犬"系列全方位防护运输车仍在服役。

"野犬2"全方位防护运输车前方视角

Chapter 6 运输车辆

车体构造

"野犬"系列全方位防护运输车采用模块化结构,主要由安全室(即乘员室)、发动机罩(前部)、储物箱(后部)、弹药挡板(下部)等模块组成,它们全部安装在4×4轮式底盘上。这种结构不仅使"野犬"系列全方位防护运输车的用途广泛,还降低了采购和维修成本,更提高了全车的可靠性。"野犬"系列全方位防护运输车可以运载5~8名士兵,已经赶上一般步兵战车和装甲运兵车的承载能力。

当"野犬"全方位防护运输车触雷,地雷在安全室下面爆炸时,附加的底部V形防护板和专门设计的爆炸气流偏导结构,可很好地分散地雷冲击波的能量,保护车体底部不被击穿或至少减轻被击穿后的损失。发动机罩和储物箱壳体同样有较强的防护功能。储物箱内装有蓄电池、燃油箱等,上面的带帆布的装载空间构成了较大容积的"后备厢"。

"野犬2"全方位防护运输车侧前方视角

攻击能力

"野犬"全方位防护运输车安装有1挺7.62毫米遥控机枪,也可替换为12.7毫米机枪或HK GMG自动榴弹发射器。

迷彩涂装的"野犬2"全方位防护运输车

防护能力

"野犬1"全方位防护运输车具有良好的防卫性能,能够承受恶劣的路况、机枪扫射和小型反坦克武器的攻击。与"野犬1"相比,"野犬2"进一步提高了防护能力,可以加挂模块式附加装甲,并降低了红外信号特征,在红外线热像仪前面具有一定的隐身能力。2005年,一辆隶属于德国国防军的"野犬2"全方位防护运输车在波黑执行巡逻任务时,遭受一枚6千克反坦克地雷的攻击,但车内乘员安然无恙,显示了良好的全方位防护性。

"野犬2"全方位防护运输车侧面视角

机动能力

"野犬1"全方位防护运输车的动力装置为1台6缸水冷柴油发动机,带涡轮增压器和中冷器,最大功率达到177千瓦。传动装置为有8个前进挡的手动变速箱("野犬2"改为半自动或全自动变速箱)。4个车轮均为驱动轮,为泄气保用轮胎,可以在轮胎被子弹击穿后,继续行驶一段时间。轮胎带有中央充放气系统,可提高松软地面的通过性。"野犬1"和"野犬2"都可用C-130、C-160和A400M大型运输机空运。

在泥泞路面行驶的"野犬2"全方位防护运输车

十秒速识

"野犬"全方位防护运输车采用4×4驱动方式,车体每侧各有2个负重轮。车头的矩形进气格栅较为显眼,大灯安装在前保险杠上,挡风玻璃为一整块梯形玻璃。

德国军队装备的"野犬2"全方位防护运输车

瑞典 Bv206 装甲全地形车

Chapter 6 运输车辆

Bv206装甲全地形车是瑞典研制的一款全地形运输车,能在包括雪地、沼泽等所有地形上行驶,主要用于输送战斗人员和物资。

研发历史

基本参数	
全长	6.9 米
全宽	1.87 米
全高	2.4 米
重量	4.5 吨
最大速度	50 千米/时
最大行程	330 千米

1973年,瑞典陆军开始探索Bv202装甲全地形车的后继车型。1974年,瑞典陆军选择阿尔维斯·赫格隆公司和桑纳公司来完成必要的研究和发展工作,以便设计一种载重2吨物资或17名全副武装士兵的车辆,要求越野机动性不低于Bv202装甲全地形车,保养费用更低。1976—1981年间,瑞典陆军试验和鉴定了52辆不同的样车。1981年4月,首批Bv206装甲全地形车正式交付,之后共生产了5000多辆,销售给10多个国家。截至2017年7月,Bv206装甲全地形车仍在服役。

用作救护车的 Bv206 装甲全地形车

车体构造

Bv206装甲全地形车由两节车厢组成,车身之间用转向装置连接。前车厢提供给驾驶员和3名战斗人员,后车厢运载8名全副武装的士兵。每节车厢由底盘和车身组成。底盘部分由中央梁、侧传动和行动装置总成组成。4个独立的行动装置总成可互相替换。发动机和传动装置安装在前车厢内,通过一根轴把变速箱与两级减速齿轮箱连接起来,盘式制动器也安装在该轴上。动力通过万向轴传送给底盘前端的侧传动。转向是借助两个液压缸改变前后车厢之间的方向实现,通过一个普通的方向盘进行控制。

运输能力

Bv206装甲全地形车的前车厢内可载货600千克,或容纳5名士兵和1名驾驶员。后车厢可载货1400千克,或容纳11名全副武装的士兵。士兵的座位在车厢两旁及前面,背囊等物可放在车顶,最重可承受200千克。Bv206装甲全地形车在满载时可拖曳一辆总重为2.5吨的拖车在任何道路环境下行驶,后车厢可轻易更换以作特殊用途。

Bv206装甲全地形车在雪地中行驶

Chapter 6 运输车辆

防护能力

　　Bv206装甲全地形车的车体采用耐火玻璃纤维增强塑料制成，采用双层结构，不但坚固耐用，比钢车厢轻，而且还起防翻车作用。该车的设计可以保证环境温度低于零下40摄氏度时仍能启动，前后车厢内均装有通风装置及热交换器，能保持车内温度比外界高30摄氏度，并可起除雾器的作用。

Bv206 装甲全地形车侧面视角

机动能力

　　Bv206装甲全地形车的动力装置为1台斯泰尔M1涡轮增压柴油发动机，最大功率为130千瓦。传动系统为W5A-580自动变速装置，有5个前进挡和1个倒退挡。Bv206装甲全地形车在普通道路上的最大速度为50千米/时，行程达到330千米，转弯半径为16米。该车具有完全水陆两栖能力，在水面由履带推进并配备有一个微调螺旋桨，水上速度能达到4.7千米/时。

　　Bv206装甲全地形车可由空中运输来部署，CH-47直升机和CH-53直升机一次吊载1辆，而C-5运输机可搭载10辆，C-17运输机可搭载6辆，C-130运输机可搭载2辆，C-160运输机可搭载1辆，A400M运输机可搭载2辆。

Bv206 装甲全地形车在沙堆上行驶

十秒速识

Bv206装甲全地形车由两节车厢组成，前车厢每侧各有两扇车门，后车厢仅右侧有一扇车门，每扇车门上半部分都有玻璃窗户。部分车型在后车厢顶部装有自卫武器。

Bv206 装甲全地形车侧前方视角

瑞典 BvS10 装甲全地形车

BvS10装甲全地形车是瑞典阿尔维斯·赫格隆公司研制的一款履带式全地形车，于1998年开始服役。

研发历史

BvS10装甲全地形车由瑞典阿尔维斯·赫格隆公司自行投资研发，该公司拥有数十年铰接式全地形车设计和生产经验。BvS10装甲全地形车借鉴了Bv 206S装甲全地形车的设计，1998年首次公开亮相。BvS10装甲全地形车用途广泛，可作为运兵车、指挥车、救护车、维修和救援车等。除装备瑞典军队外，该车还出口到英国、德国、法国、荷兰和西班牙等40多个国家。

基本参数	
全长	7.6 米
全宽	2.3 米
全高	2.2 米
重量	11.5 吨
陆地速度	65 千米/时
水上速度	5 千米/时

BvS10 装甲全地形车在山区训练

荷兰海军陆战队装备的 BvS10 装甲全地形车

车体构造

BvS10装甲全地形车的外形轮廓与Bv206装甲全地形车相似，与后者相比，BvS10装甲全地形车重新设计了主动轮、诱导轮、履带、底盘和悬挂系统等。BvS10装甲全地形车安装的履带是由加拿大苏斯国际公司生产的整体成型橡胶履带，与钢制履带相比，整体成型橡胶履带可减少50%的重量，并能够大幅度降低噪音和震动等。

训练场上的 BvS10 装甲全地形车

攻击能力

BvS10装甲全地形车没有安装固定武器，可根据需要在后车厢顶部安装武器，如英国海军装备的BvS10装甲全地形车装有7.62毫米或12.7毫米机枪和一些标准的装备，包括数排烟幕弹发射器。

BvS10 装甲全地形车在下坡路段行驶

机动能力

BvS10装甲全地形车的动力装置为康明斯5.9升6缸涡轮增压柴油发动机,最大功率为202千瓦。该车的履带宽度为620毫米,所以尽管BvS10装甲全地形车的战斗全重超过10吨,但在松软地形上,如雪地、泥地或沙地等仍有良好的机动能力。由于采用了双厢结构,使前后车厢都装有独立的履带行走系统,全车有四条履带着地,可最大限度地减小车辆对地面的压力,从而拥有良好的越野机动性。如果一条履带触雷损坏,BvS10装甲全地形车仍可凭借其他履带机动。

BvS10装甲全地形车具有完全两栖能力,在水中可靠橡胶履带推进。该车还可通过CH-47、CH-53等直升机吊运或伞降,也可由C-130、C-17等运输机空运,以便进行快速部署。

BvS10 装甲全地形车在山区行驶

十秒速识

BvS10装甲全地形车由两个全履带式车厢组成,两个车厢均有较宽的胶缘履带。前车厢正面竖直,两个挡风玻璃处倾斜。前车厢两侧各有一扇车门,车门上部有窗户。后车厢通常有两个矩形车窗,尾部有一个较大的车门。

Chapter 6 运输车辆

BvS10 装甲全地形车侧前方视角

日本 73 式大型卡车

73式大型卡车是日本五十铃汽车公司设计并生产的大型军用卡车，于1973年开始服役。

研发历史

73式大型卡车于1973年开始批量生产，经过不断改良，时至今日已经发展到第八代。这种卡车不仅具备六轮驱动、车身高、特殊的进排气系统等特点，还拥有远胜于民用卡车的越野能力。截至2017年7月，73式大型卡车仍在服役。

基本参数	
全长	7.15 米
全宽	2.48 米
全高	3.08 米
重量	8.57 吨
最大速度	105 千米/时
最大行程	400 千米

73 式大型卡车编队

车体构造

73式大型卡车与一般军用卡车的构造基本相同，由车头和货斗两部分组成，货斗使用帆布包覆。一般卡车的最小离地间隙最多为240毫米，而73式大型卡车达到了330毫米。

Chapter 6　运输车辆

73式大型卡车的驾驶席

73式大型卡车的仪表盘

运输能力

　　73式大型卡车被日本自卫队用来运输人员和物资，在恶劣路况上行驶时的标准载重量为3.5吨，在一般公路等平地上行驶时的最大载重量为6吨。

73 式大型卡车正前方视角

机动能力

73式大型卡车具备向前线阵地和坦克等补给物资的越野能力、涉水性能，以及从后方向前线高速运输物资的高速连续行驶性能。该车配备1台6缸柴油发动机，最大功率为220千瓦。而同等级民用卡车的发动机最大功率约242千瓦。相比而言，73式大型卡车的发动机功率偏低，但在低转速区，可以产生巨大的扭矩。

73 式大型卡车侧前方视角

Chapter 6 运输车辆

十秒速识

73式大型卡车采用6×6驱动形式，车体每侧有3个车轮，第一个车轮与第二、三个车轮之间的间距较大。车头较短，挡风玻璃为一整块矩形玻璃。

展览中的73式大型卡车

Chapter 7
特种车辆

特种车辆是指执行特别任务的专用车辆，其主要功能不是用于载人或运货，如战斗工程车、防地雷反伏击车、防暴车、救护车、监理车、消防车等。

美国 M728 战斗工程车

M728 战斗工程车是美国底特律阿森纳坦克工厂（现通用动力公司地面系统分部）设计并制造的履带式战斗工程车，于 1965 年开始服役。

研发历史

M728 战斗工程车以 M60A1 主战坦克的底盘为基础，第一辆样车称为 T118E1，1963 年设计定型，1965 年开始批量生产并装备部队。在美国陆军中，M728 战斗工程车主要配备装甲师、机械化师和步兵师的工兵营，每个营配备 8 辆，而步兵师的工兵营配备 3 辆，每个独立工兵连配 2 辆。M728 战斗工程车于 1987 年停产，总产量为 291 辆。截至 2017 年 7 月，该车仍在服役，大部分装备美国陆军，少数服役于阿曼苏丹、葡萄牙、摩洛哥、沙特阿拉伯、新加坡等国家。

基本参数	
全长	8.83 米
全宽	3.66 米
全高	3.3 米
重量	48.3 吨
最大速度	48 千米/时
最大行程	450 千米

M728 战斗工程车侧前方视角

车体构造

M728战斗工程车的车体前面有A形框架，不需要时向后平躺在车体后部，最大起吊重量为15876千克。安装在炮塔后部的双速绞盘备有直径19毫米的钢绳61米，由车长操纵。安装在车前的推土铲由液压驱动。M728战斗工程车备有夜间驾驶仪，并且多数车的主炮顶部有氙气红外探照灯。中央空气滤清系统将新鲜空气输送给每个乘员。

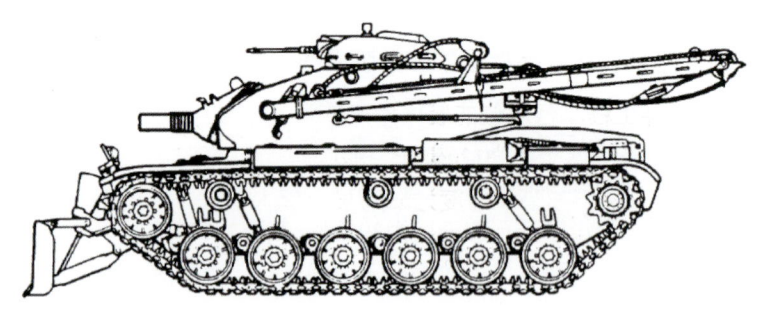

M728 战斗工程车结构图

Chapter 7 特种车辆

攻击能力

M728战斗工程车的用途是破坏敌野外防御工事和路障，填平间隙、弹坑和壕沟，设置火力阵地和路障。该车装备1门M135型165毫米破坏工事炮，炮的俯仰范围为-19度至＋20度。炮塔可作360度旋转，转速为1.6度/秒。俯仰和方向转动用动力或人工驱动。此外，与主炮并列安装了1挺M240型7.62毫米机枪，指挥塔上安装M85型12.7毫米机枪，俯仰范围为-15度至＋60度。

M728 战斗工程车正前方视角

防护能力

M728战斗工程车各部位的装甲厚度在13～120毫米之间，其中炮塔前部和车体前部的装甲厚度为120毫米，炮塔侧部和车体侧前部的装甲厚度为76毫米，炮塔后部的装甲厚度为50毫米，车体侧后部的装甲厚度为51毫米，车体顶部的装甲厚度为57毫米，车体后部的装甲厚度为44毫米，车体底部的装甲厚度为13.63毫米。

M728 战斗工程车侧后方视角

机动能力

　　M728战斗工程车的动力装置为大陆AVDS-1790-2D柴油发动机,最大功率为560千瓦。与发动机相匹配的是艾里逊CD-850-6A传动装置,有2个前进挡和1个倒退挡。该车的爬坡度为60%,越墙高度为0.76米,越壕宽度为2.51米,无准备时的涉水深度为1.22米,有准备时的涉水深度为2.44米。

M728 战斗工程车侧面视角

Chapter 7 特种车辆

▍十秒速识

M728战斗工程车的炮管较短,车体前方装有A形框架和推土铲,车体每侧有6个双轮缘挂胶负重轮和3个托带轮。

A形框架展开的M728战斗工程车

美国M9装甲战斗推土机

283

M9装甲战斗推土机是美国机动装备研究与发展中心研制的一款履带式工程车,于1979年正式服役。

研发历史

M9装甲战斗推土机是专门针对战斗工兵而设计,而不是由其他车种改装而成。该车于1975年1月生产出样车,1976年8月完成试验鉴定工作,1977年2月批准定型。1979年财政年度曾要求生产75辆,但因经费问题,只能生产29辆。1982年11月拨款2900万美元,预订15辆,其中1930万美元用于车辆生产,其余经费用于产品改进。1985年,美国陆军最后计划订购1400辆,优先装备新建的第86师战斗工兵部队。此后,美国海军陆战队也有订购。截至2017年7月,M9装甲战斗推土机仍在服役。

基本参数	
全长	6.25 米
全宽	3.2 米
全高	2.7 米
重量	24.4 吨
最大速度	48 千米/时
最大行程	322 千米

美国海军陆战队装备的 M9 装甲战斗推土机

车体构造

M9装甲战斗推土机的车体全部用铝合金焊接,车辆前部装有刮土斗、液压操纵的挡板和机械式退料器。推土铲刀装在挡板上,推土和刮土作业是通过液气悬挂装置使车辆的头部抬起或降落实现的,该悬挂装置还能使车辆倾斜到用铲刀的一角进行作业,推土作业能力几乎是一般斗式刮土机的两倍。该车铲斗的最大翻转角为50度,一次土方量为4.58～5.35立方米。卸荷是通过由两个双作用液压柱塞泵驱动的退料器实现的。铲斗的提升高度能使该车直接将货物卸到5吨卡车上。铲斗后背与推土铲刀之间的夹紧力为27千牛,能使该车同时拔起3根树桩和类似的物体。

工程能力

M9装甲战斗推土机是一种多用途工程车辆,可以完成填平弹坑和战壕,抢救战斗车辆,清除路障、树木、碎石或其他战场障碍,修建渡口、渡河车辆进出道路,修建和保养军路和飞机场等提高机动性的任务;修造反装甲部队障碍,破坏渡口和桥梁,挖反坦克壕,破坏登陆地区和飞机场,修筑坚固支撑点和运送筑障器等反机动性任务和为装甲车辆挖掘掩体、修建防御指挥所,挖防护壕,开辟射击阵地,搬运修建隐蔽所需用的器材以及为陶式反坦克导弹发射车和其他战场武器挖掘隐蔽堑壕等提高生存力的任务。

M9 装甲战斗推土机推倒矮墙

防护能力

M9装甲战斗推土机的车体为铝合金打造,但在重要部位装有钢合金及"凯夫拉"防弹纤维保护,车体装甲可抵御一般轻武器与炮弹破片攻击。

机动能力

M9装甲战斗推土机的动力装置为1台康明斯V903C柴油发动机，最大功率为220千瓦，携带507升燃油。该车的爬坡能力为31%（纵坡）和19%（横坡），越壕宽度为1.57米，能克服0.45米高的垂直障碍，涉水深度为1.83米，水上前进速度为4.8千米/时。

十秒速识

M9装甲战斗推土机的动力舱位于车尾右侧，车尾左侧为驾驶舱。驾驶舱塔上有数个观景窗，并装有厚重的装甲保护。

俄罗斯 IMR-2 战斗工程车

IMR-2战斗工程车是苏联设计并制造的重型履带式战斗工程车，1983年开始服役。

研发历史

IMR-2战斗工程车的研制工作始于20世纪70年代后期，1980年设计定型，1982年开始批量生产，1983年正式服役。该车服役后先后参加过苏联入侵阿富汗战争、第一次车臣战争、第二次车臣战争、叙利亚内战等重大战争。苏联解体后，IMR-2战斗工程车仍在俄罗斯军队服役，截至2017年7月仍然在役。

基本参数	
全长	9.55 米
全宽	4.35 米
全高	3.68 米
重量	44.3 吨
最大速度	50 千米/时
最大行程	500 千米

Chapter 7 特种车辆

俄罗斯军队使用重型卡车运送 IMR-2 战斗工程车

车体构造

　　IMR-2战斗工程车由履带式底盘、通用推土铲、吊杆、车辙式扫雷犁组成。通用推土铲装在车体前部，铲刀可装成推土机、平路机和双犁壁的配置状态，并可在垂直面上具有一定的倾斜度。通用推土铲在驾驶舱内通过电动液压系统操纵。吊杆装在操作塔上，由伸缩式吊杆和抓斗设备组成，可由塔内操作手操纵或由遥控台控制，用于清理堆积物、处理土堆以及往运输车上装载松散物料。车辙式扫雷犁用于清扫防坦克雷场上的各种反履带地雷以及装有触杆引信的反装甲车底地雷。扫雷犁由左右犁刀和转换装置组成。从驾驶员的座位上对其进行操纵。为了协调乘员间的动作，IMR-2战斗工程车装有外部（无线电台）通信和车内通话设备，还装有夜间工作用的夜视仪。

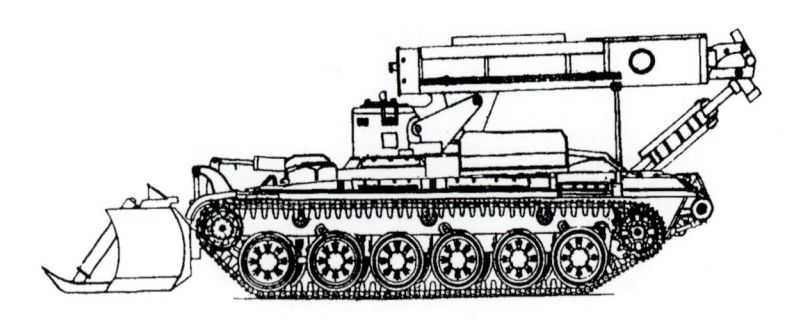

IMR-2 战斗工程车结构图

工程能力

IMR-2战斗工程车可完成包括清障、构筑行军公路、扫雷、挖掘掩体等工程作业,其开辟岩石障碍通路的速度为0.30～0.35千米/时,挖掘1.1～1.3米深壕沟的速度为5～10米/时,吊臂的起吊重量为2吨,吊臂伸出的最大长度为8.435米,平均扫雷速度为6～15千米/时。

IMR-2 战斗工程车的吊杆特写

Chapter 7 特种车辆

防护能力

IMR-2战斗工程车装有免遭大规模杀伤武器破坏的防护系统、烟幕施放系统以及发动机-传动装置舱的自动灭火设备。车上的自卫武器是1挺12.7毫米高平两用机枪。

IMR-2 战斗工程车侧后方视角

机动能力

IMR-2战斗工程车采用12缸四冲程多燃料水冷柴油发动机,具有两种启动系统:压缩空气启动系统和电启动系统。它还可以由这两种系统联合启动。为了在冬季启动柴油发动机,该车装有启动预热器。底盘采用带增速齿轮箱(齿轮传动箱)和两个侧向变速箱的机械传动装置。变速箱为行星式,有7个前进挡和1个倒退挡,采用摩擦离合器闭合和液压操纵。

IMR-2 战斗工程车进行爆炸物处理训练

十秒速识

IMR-2战斗工程车安装有醒目的通用推土铲、吊杆和车辙式扫雷犁，车体两侧各有6个负重轮。

IMR-2 战斗工程车侧面视角

法国 AMX-30 战斗工程牵引车

AMX-30战斗工程牵引车是法国地面武器工业集团设计并制造的履带式工程车，1987年开始服役。

研发历史

1981年，法国地面武器工业集团在萨托里军械展览会上首次展出了AMX-30战斗工程牵引车的样车。1987年，首批20辆AMX-30战斗工程牵引车完成生产，并开始装备法国陆军部队，用于取代老式的AMX-13战斗工程车。截至2017年7月，AMX-30战斗工程牵引车仍在服役。

基本参数	
全长	8.29 米
全宽	3.35 米
全高	2.94 米
重量	38 吨
最大速度	65 千米/时
最大行程	500 千米

法国陆军装备的 AMX-30 战斗工程牵引车

车体构造

AMX-30战斗工程牵引车的底盘与AMX-30装甲抢救车的基本相同，但是采用了AMX-30B2主战坦克的机动部件，包括发动机、传动装置、变矩器和悬挂装置。该车有车长、挖道工兵和驾驶员3名乘员，主要工程设备有推土铲、液压绞盘和液压吊臂。推土铲装在车体正面，推土铲下部的背面有6个松土齿，推土铲全部展开时宽3.5米，高1.1米。

液压吊臂装在车前右侧枢轴上，可以伸展到7.5米，旋转360度，吊臂上有吊钩和钳式吊具。车上还带有220米长的切割锯等标准设备。该车的制式设备还有涉渡深水的辅助设备，如进气筒和驾驶员被动夜视潜望镜，以及工兵用的测距望远镜。

AMX-30 战斗工程牵引车正前方视角

Chapter 7 特种车辆

工程能力

AMX-30战斗工程牵引车的主要任务是清除战场障碍、设置障碍、修缮道路、破坏道路、清理河岸、准备渡口、准备射击阵地和迅速布设小雷场。该车推土铲的运土和装土能力为250立方米/时，挖土能力为120立方米/时，当车辆倒驶时推土铲的松土齿可用于破开深度达200毫米的道路。AMX-30战斗工程牵引车的绞盘拉力为196千牛，钢绳长80米，自动缠绕速度为0.2~0.4米/秒。液压吊臂可装地钻，钻孔直径为220毫米，孔深3米。

攻击能力

AMX-30战斗工程牵引车在车体中央偏右有一个双人炮塔，其上部有向后开启的整扇式舱盖，上面有7.62毫米机枪。炮塔后部两侧各有2具电发射的烟幕弹发射器。炮塔下层前部有142毫米口径爆破装药发射管，其两侧各有2具地雷发射管，每根管备有发射箱，每个箱内存放5枚地雷。地雷直径139毫米，重2.34千克，含0.7千克炸药，由发射管发射至60~250米处，只要有重1.5吨以上的车辆经过就会被触发。

AMX-30 战斗工程牵引车侧后方视角

机动能力

AMX-30战斗工程牵引车的动力装置为西斯潘诺-絮扎12缸HS110-2水冷增压多种燃料发动机,最大功率为515千瓦。该车的爬坡度为60%,越墙高度为0.9米,越壕宽度为2.9米,无准备时的涉水深度为2.5米,有准备时的涉水深度为4米。

AMX-30 战斗工程牵引车在城区行驶

Chapter 7 特种车辆

> **十秒速识**

AMX-30战斗工程牵引车的车体正面装有推土铲，车前右侧枢轴上装有液压吊臂，车体中央偏右装有双人炮塔。车体两侧各有5个负重轮。

南非 RG-31 防地雷反伏击车

RG-31防地雷反伏击车是英国宇航系统公司南非分公司设计并制造的防地雷反伏击车，于2000年开始服役。

研发历史

基本参数	
全长	6.4 米
全宽	2.47 米
全高	2.63 米
重量	7.28 吨
最大速度	100 千米/时
最大行程	900 千米

RG-31防地雷反伏击车于21世纪初问世，服役不久便被美国和加拿大等国的军队投入伊拉克和阿富汗战场。该车在战场上表现出色，英国宇航系统公司南非分公司根据使用者的反馈，不断进行改进，先后推出了RG-31 MK 3A、RG-31 MK 5、RG-31 MK 5E、RG-31 MK 6E、RG-31 Charger、RG-31 Sabre和RG-31M等多种改进型，形成了一个庞大的防地雷反伏击车家族。

加拿大军队装备的 RG-31 防地雷反伏击车

Chapter 7 特种车辆

车体构造

RG-31防地雷反伏击车的动力舱在车体前部,其后是车长和驾驶员。驾驶舱和载员舱没有明显分隔,载员舱两侧各有4个座位,均配有安全带,乘员面对面乘坐。驾驶位可以配置在左舵,也可以配置在右舵。车身两侧各有两个大负重轮,而且车体两侧的下部挂有备用车轮。车体顶部配有两个舱盖,用于开舱作战及紧急情况下逃生。该车的标准设备包括动力转向装置、空气调节系统和前置5吨电动绞盘等。丰富的可选设备包括泄气保用垫圈、高级别装甲防护、通信设备、武器装备和定制内部布局。

攻击能力

RG-31防地雷反伏击车的武器装备载荷可根据用户作战任务需要配装,如美国陆军装备的车型采用了澳大利亚普拉德工厂研制的MR555型武器站,而驻阿富汗加拿大部队配备的RG-31防地雷反伏击车则安装了加拿大本国生产的遥控武器站。

西班牙陆军 RG-31 防地雷反伏击车编队在阿富汗作战

防护能力

RG-31防地雷反伏击车的V形车体抗地雷能力强,可承受14千克TNT当量的反坦克地雷在任何一个车轮下的爆炸,也能防御7千克地雷在车体下爆炸所产生的冲击。它的大型防弹车窗能为全体车内乘员提供良好的视野。RG-31防地雷反伏击车各个型号的弹道防护水平不断提升,MK 3型达到国际标准一级防护水平,MK 5型又提高到国际标准二级防护水平。车上配备了饮用水箱和大功率空调风扇,提高了车辆和人员在热带沙漠地区的生存力。

Chapter 7 特种车辆

机动能力

RG-31防地雷反伏击车采用最大功率为205千瓦的康明斯柴油发动机，达到欧洲三号排放标准。该车配备了先进传动装置，虽然全车较重，但机动力强，公路最大速度达到100千米/时。

十秒速识

RG-31防地雷反伏击车的竖直车体正面中央有水平散热格栅，水平引擎顶盖微微倾斜，与几乎竖直的两块防弹挡风玻璃相连，水平车顶上有水平舱门。车体侧面下部为竖直载物箱。竖直车尾有大门，门的上部有防弹窗。

被地雷损坏的 RG-31 防地雷反伏击车

南非 RG-35 防地雷反伏击车

RG-35防地雷反伏击车是英国宇航系统公司南非分公司设计并制造的防地雷反伏击车,2009年开始服役。

基本参数	
全长	7.4 米
全宽	2.5 米
全高	2.7 米
重量	18.13 吨
最大速度	115 千米/时
最大行程	1000 千米

研发历史

21世纪初,英国宇航系统公司南非分公司设计制造的RG-31和RG-32防地雷反伏击车先后进入伊拉克战场,使用效果不错。伊拉克路况好,RG-31和RG-32防地雷反伏击车很少出故障。然而,到了阿富汗后,因山路较多、巡逻路程远,RG-31和RG-32防地雷反伏击车无法装载过多的军用物资,车体装甲防护也达不到要求,翻车事故频频发生。

英国宇航系统公司南非分公司在调查了解战场情况后,决定研发一种载重量更大、用途更广、装甲防护更好的防地雷反伏击车,并将其定名为

Chapter 7 特种车辆

RG-35防地雷反伏击车。该车于2008年设计定型，2009年开始批量生产并装备部队。

车体构造

RG-35防地雷反伏击车采用6×6驱动形式，加长了车体。设计人员分析了RG-31和RG-32防地雷反伏击车在山路翻车的主要原因，发现问题出在车头过重，而这又是发动机前置所致。RG-35防地雷反伏击车便将发动机设计在车体中部，从而有效保持了重心稳定。驾驶舱采用左驾设计，前有防弹玻璃观察窗，舱内采用了全新的数字化电子设备、环绕式仪表板、大型显示屏、转向用液压助力设备和空调冷气传送装置等。车内空间较大，驾驶舱和载员舱之间没有明显分界，通道较宽，载员舱配有可向上折叠的悬吊式座椅，每侧5副，面对面，乘坐舒适。必要时车内可携带几百千克的物资。

RG-35 防地雷反伏击车侧前方仰视图

攻击能力

RG-35防地雷反伏击车主要承担前线兵力的投送任务,因而武器系统没有加强。车顶遥控武器站配备1挺12.7毫米机枪,可选择增配40毫米榴弹发射器。

RG-35 防地雷反伏击车在山地行驶

Chapter 7 特种车辆

防护能力

　　RG-35防地雷反伏击车的防护能力比RG-31和RG-32防地雷反伏击车有明显加强。全车采用高强度装甲钢焊接结构，可抗动能弹，能抵御14.5毫米枪弹和155毫米炮弹破片的袭击。V形底盘设计，车底和每个车轮都能防御10千克装药的反坦克地雷。座椅底板都进行装甲强化处理，可抗地雷爆炸时所产生的冲击波。

　　如果进入危险性高的地方作战，RG-35防地雷反伏击车可加挂附加装甲，通常在车体前部、尾部和四周增挂50毫米厚附加装甲，车底加挂120毫米厚附加装甲，可抵御25毫米炮弹直击，车底能抗12千克装药的反坦克地雷。RG-35防地雷反伏击车还采取了其他防护措施，如配备激光告警器、烟幕弹发射器和整体式核生化防护装置。

机动能力

　　RG-35防地雷反伏击车装有1台功率为405千瓦的康明斯ISL柴油发动机，内配可变截面涡轮增压器、颗粒物滤清器和曲轴箱凝聚式滤清器，采用氮氧化物吸附器等新技术。性能出色的动力系统使RG-35防地雷反伏击车动力强劲，越野速度可达85千米/时。该车还具有战略机动能力，便于用C 130运输机空运。

十秒速识

RG-35防地雷反伏击车的车体两侧各有3个车轮，第一个车轮和第二、三个车轮之间的间距较大，第二个车轮和第三个车轮之间的间距较小。车顶设有矩形舱门，可供驾驶员和载乘员紧急时出入。